普通高等教育农业农村部“十三五”规划教材
全国高等农林院校“十三五”规划教材
全 国 高 等 农 业 院 校 优 秀 教 材

家畜组织学与胚胎学实验指导

第三版

董常生　主编

中国农业出版社

第三版编写人员

主　编　董常生（山西农业大学）

副主编　王海东（山西农业大学）

曹　静（中国农业大学）

参　编　（以姓名笔画为序）

王水莲（湖南农业大学）

刘华珍（华中农业大学）

陈　芳（佛山科技学院）

卿素珠（西北农林科技大学）

黄丽波（山东农业大学）

第一版编审人员

主　编　谭文雅（山西农业大学）
参　编　沈霞芬（西北农业大学）
　　　　房健民（南京农业大学）
审　稿　罗　克（福建农学院）
绘　图　申亚平（山西农业大学）

第二版编写人员

主　编　董常生（山西农业大学）

副主编　王政富（佛山科技大学）

　　　　　王树迎（山东农业大学）

参　编　（以姓名笔画为序）

　　　　　卿素珠（西北农林科技大学）

　　　　　彭克美（华中农业大学）

　　　　　赫晓燕（山西农业大学）

　　　　　滕可导（中国农业大学）

DISANBAN QIANYAN 第三版前言

《家畜组织学与胚胎学实验指导》（第三版）依然遵循第二版的指导思想，更加注重文字的准确性、图片的直观性和实践的引导性，让读者结合实际，边看图，边思维，便捷地掌握动物细胞、组织和器官的形态结构。通过学习可以初步学会切片制作和常用染色等组织学研究方法。本次修订，在对部分实验内容进行修改与补充的情况下，相应增加了一些组织切片图，并对不同动物的组织学结构进行了比较，使书中附图更加丰富，具有较强的指导性和观赏性。希望本书对学生课堂所学理论知识能起到强化作用，为提高教学质量奠定较好的基础。

本次修订的编写分工为：董常生，绪论、实验一；王海东，实验二、实验八；卿素珠，实验三、实验十一、实验十六；曹静，实验四、实验五、实验六、实验七；王水莲，实验九、实验十七；刘华珍，实验十、实验十九、实验二十；黄丽波，实验十二、实验十三、实验十四；陈芳，实验十五、实验十八。

本书的附图大部分来自于各位编者精心制作的组织切片，个别选自李德雪教授主编的《动物组织学彩色图谱》。在本书编写过程中，赫晓燕教授、贺俊平教授、耿建军教授、范瑞文教授等对全书文字、图片的校对做了大量工作。中国农业出版社承担出版发行任务。在此，谨对所有关心和帮助本书出版的单位和人员表示衷心的感谢！

本次修订工作，尽管我们做了很大努力，但由于水平有限，难免存在不足之处，敬请广大读者批评指正。

董常生

2015 年 1 月

注：本教材于 2017 年 12 月被列入普通高等教育农业部（现更名为农业农村部）“十三五”规划教材［农科（教育）函〔2017〕第 379 号］。

第一版前言 DIYIBAN QIANYAN

《家畜组织学与胚胎学》（第二版）已于1992年出版。为配合理论课与实验课的教学，特编写此实验指导书。

家畜组织学与胚胎学是兽医专业的重要基础课。学习本课程的重要手段是借助显微镜观察切片。由于显微镜下所见的组织切片图像是平面的，而实际的组织、器官的微细结构则是立体的，二者之间存在一定的差别。因此，学习本课程必须充分发挥空间想象力，对观察切片中所获得的图像加以比较、综合和归纳，从中得出动物机体微细结构的概念与理论。同时，也可培养学生学习、研究微观形态学的方法和表达能力，全面提高教学效果。

由于本课程的开课时数、地区不同，代表性动物及选用的组织、器官在各个院校实验室均有所差异，因此各院校间难以求得统一，只得根据各院校的具体情况进行取舍。

编者虽然尽了一定努力，但限于水平，不妥之处在所难免，恳请读者批评指正。

编　者

1995年5月

DIERBAN QIANYAN 第二版前言

本书是为了配合大学本科动物类专业家畜组织学与胚胎学课程而编写的，亦可作为类似专业的实验性教学用书。非动物类生物技术专业的研究生所需技能操作也可参考。同时，对于从事动、植物类教学和科研人员也有借鉴价值。

我们的编写指导思想是：文字注重说明，语言引导操作，识图想象方位，全书立足实践。读者可以边读文字，边动手操作，边看图，边思维，就能够熟练地掌握动物细胞、组织和器官的形态结构，并基本学会切片和血涂片的制作方法。对教科书所讲的理论内容起到了重温和升华的作用，强化了学生理论联系实际和创新思维的能力，为提高教学质量奠定了良好的基础。

参加编写的作者是教学和科研第一线的教师，书中的每一句话、每一幅图都是他们历年心血的结晶。这本书虽然没有高深的理论，也不够厚实，但都是老师们几十年积累的经验之精华。奉献给奋发向上的学子们，以资微薄之力。

参加编写的人员有：山西农业大学董常生教授（绪论、实验一、实验九）、赫晓燕副教授（实验二、实验八）；西北农林科技大学卿素珠副教授（实验三、实验十一、实验十六）；中国农业大学滕可导教授（实验四、实验五、实验六、实验七）；山东农业大学王树迎教授（实验十二、实验十三、实验十四）；佛山科技学院王政富副教授（实验十五、实验十七、附录）；华中农业大学彭克美教授（实验十、实验十八、实验十九、实验二十）。

本书插图翔实而准确，具有较强的指导性和观赏性，绝大部分插图均来自于各位编者精心制作的组织切片；书中个别插图选自中国人民解放军军事医学科学院李德雪教授主编的《动物组织学彩色图谱》；山西农业大学耿建军副教授、贺俊平副教授、王海东老师等对全书文字、图片的校对做了大量的工作，在此一并表示衷心的感谢！

本书虽然与广大读者见面了，但不免存在疏漏之处，请予以批评指正，不胜感谢！

董常生

2006年5月

MULU **目　　录**

绪　论

（一）实验课的目的与意义

家畜组织学与胚胎学实验课是理论课的继续和深化，在教学中处于重要地位，通过实验课的学习，要达到以下目的：

（1）验证课堂理论知识，加深对基本理论的理解和记忆。

（2）掌握正确使用显微镜的方法。

（3）学习和掌握制作切片的基本原理和技术。

（4）通过应用基本理论和技能，掌握正确的观察方法，同时能利用科学的逻辑思维方法，对所观察的切片进行分析、综合，从而提高空间想象力及分析问题、解决问题的能力。

（5）通过布置绘图作业，既学会科学记录的方法，掌握组织学绘图要领，树立严谨的科学态度，同时又提高分析问题、解决问题的能力，还在自身素质、美学等方面得到提高。

（二）实验课的内容与要求

（1）实验前要认真复习课堂讲授内容，预习实验指导，明确本次实验课的目的、要求、主要内容及实验方法，有准备地上好实验课。

（2）光学显微镜是家畜组织学实验课的主要仪器，掌握光学显微镜的使用方法是培养基本技能的重要手段，因此必须熟练掌握光学显微镜的使用方法。同时显微镜是贵重的光学仪器，取放和使用时必须严格按照操作规程进行。

（3）实验课的主要内容是观察切片，要通过使用显微镜而掌握正确的观察方法，即按肉眼——低倍镜——高倍镜的顺序进行观察，肉眼和低倍镜下先观察整体结构，然后转换高倍镜观察局部微细结构。观察切片时要注意思考切面与整体、结构与功能的关系。

（4）按时完成绘图作业。观察切片时要结合必要的绘图记录，增强理解和记忆，但必须在全面观察并掌握主要结构、弄清主要结构和次要结构关系的基础上，选择器官或组织中比较典型的部分进行绘图，切忌盲目临摹挂图或书本的插图。

（5）绘制组织学图要求用红蓝铅笔和质地较好的实验报告纸或白纸。用线条绘细胞膜、核膜和纤维等连续性结构，用点表示细胞质。线条要粗细均匀，点要大小一致，圆、细、密而不重叠。所绘的图要真实地反映显微镜下组织的结构和比例，绘图完毕用横线指明结构，并注字说明。一般要求在绘图纸的左边绘图，右边注字，并在上方或下方注明本图名称、组织来源、染色方法和放大倍数等。要求字体端正、字迹清楚。

（6）学习过程中要充分利用实验指导书后的附图、实验模型、标本、挂图、幻灯片、电镜图片、多媒体教学片、录像等，反复比较和认真思考，以便能够真正地理解和掌握所学知识。

（7）将组织学制片（主要是石蜡切片）实验穿插于平时进行，掌握组织制片的基本技术，增强动手能力和创造能力。

（8）采用课前提问、课堂总结和小测验（辨别切片）等方法，巩固所学知识。

实验一

显微镜的构造和使用

一、目的与要求

(1) 了解生物显微镜的构造。

(2) 掌握生物显微镜的使用方法。

(3) 了解当前的先进显微技术。

二、普通生物显微镜的构造

普通生物显微镜包括机械部分和光学部分。

(一) 机械部分

1. 镜座 位于显微镜最底部，一般呈马蹄状或方型，其作用是稳定和支持镜体。

2. 镜臂 是镜座与镜筒的连接部分，呈弓状，便于手握，有的镜臂基部有一倾斜关节螺旋，可使镜筒倾斜，便于观察。在镜臂的上端或下端两侧有调节螺旋，可调节物镜或载物台的升降。

3. 载物台 方形或圆形，上有金属片夹和标本推进器，用以固定和移动切片，在推进器的纵、横坐标上分别标有刻度，便于确定某一结构的方位，载物台中央有一通光孔。

4. 镜筒 长圆筒状，上端插目镜，下方连物镜转换器。

5. 物镜转换器 圆盘状，上有3～4个物镜螺旋口，供物镜按放大倍数高低顺序嵌入，以便根据观察需要将物镜推到正确的使用位置。

6. 调节螺旋 位于镜臂上端或下端两侧，有的显微镜有大、小两个螺旋，大的为粗调节螺旋，用于低倍镜调焦；小的称细调节螺旋，用于高倍镜调焦。有的显微镜则粗、细螺旋套叠在一起。

(二) 光学部分

1. 物镜 在成像中起最重要的作用，为第一次放大标本用。物镜由几块透镜组成，多的甚至可达10～20块透镜。在物镜转换器上通常有3～5个物镜，分别是4×、10×、40×、50×和100×，其中4×和10×称低倍镜，40×、50×称高倍镜，100×称油镜。每个物镜的镜筒上通常标有主要性能系数，如40/0.65，160/0.17，40表示放大倍数，0.65表示镜口率或开口率（数值孔径，N·A），160表示机械管长（mm），0.17表示允许盖玻片厚度（mm）。N·A是指光线经过盖玻片引起折射后所成光锥底面的口径数字，N·A值越大，透镜分辨率越高。

2. 目镜 作用是将物镜放大的实像再放大成虚像。目镜也由一组透镜组成，有 5×、10×、15×、16×和 20×等。物体最后放大倍数为物镜和目镜二者的乘积，观察者可根据工作需要和标本的实物情况，适当选择不同放大倍数的目镜。在目镜中常放一指针，便于指示视野中的某一结构。

3. 聚光器 位于载物台下方，能把光线汇聚成光柱（束）而增强视野的亮度。聚光器的一侧有调节螺旋，可以升降，可按需要调节亮度。

4. 光阑（光圈） 位于聚光器下方，由许多金属叶片组成，旁有光圈调节杆，可调节光圈大小，以调节进入镜头的光线，控制聚光器的 N·A 值，使物镜符合要求。

5. 反光镜 安装在镜座上，有平、凹两面，能向各方向转动收集光线，汇入聚光器。一般强光时用平面镜，弱光时用凹面镜。

6. 滤光片 光阑下方有一金属圈，可安放滤光片，借以改变光源的色调和强弱，便于观察和摄影。常用滤光片有三种：①毛玻片，减弱光强度，使光漫射而变柔和。②蓝玻片，用白炽灯光作光源时，将黄色灯光校正成白光。③绿玻片，适用于黑白照片，显微摄影用。

7. 光源 包括自然光源（阳光）和人工光源（灯光）。

三、显微镜的使用

显微镜是精密的光学仪器，取用、搬动、存放和保养一定要严格按操作规程进行。

（1）显微镜的取用、搬动和放置：从显微镜柜中取出显微镜并搬动时，要一手提镜臂，另一手托住镜座，严禁单手提着镜臂走动；要轻取轻放，使用时将显微镜镜臂面朝向自己，平放于使用者的前方略偏左的位置，右侧可放绘图纸或记录本。

（2）显微镜的擦拭：用擦镜纸擦物镜和目镜，若较脏，可用擦镜纸蘸取少许二甲苯或酒精擦拭，机械部分可用纱布或绸布擦拭。

（3）显微镜可分为升降载物台和升降物镜两种。在使用时应首先清楚使用的是哪一种，以免损坏显微镜和切片。

（4）对光：以升降物镜的显微镜为例。观察者要尽量坐得端正舒适，先旋转物镜转换器，使 4×物镜对准载物台中央的通光孔，对准时可觉察到轻微卡住的感觉。打开光阑，上升聚光器，再旋转粗螺旋，使镜筒上升并使物镜距载物台面约 1.5cm。用左眼接近目镜上方，向下观察。同时用手转动反光镜，直到视野均匀明亮、光度适宜为止。

（5）观察切片：观察切片前先用肉眼分辨切片的正反面，同时观察其大体轮廓及着色，将切片置于载物台上，使切片有盖玻片的一面朝上，并用金属夹或标本推进器固定，将有组织的部位置于载物台中央的通光孔处，开始观察。

观察切片要按低倍镜向高倍镜顺序进行。并要注意，物镜放大倍数越低，其工作距离（即物镜前镜片与盖玻片上平面之间的距离）越长；物镜放大倍数越高，其工作距离越短。使用时首先旋转粗螺旋，使低倍镜下降至最低限度，然后左手旋转粗螺旋，左眼观察直至视野出现清晰的物像。观察完切片大体结构后，需要进一步观察某一结构时，可将此部位移至视野中心，然后顺时针旋转换物镜至 40×进行观察，同时调节细螺旋直到物像清晰为止。用 40×物镜时尽量用细螺旋调节，如果必须使用粗螺旋时，要从侧面观察物镜与盖玻片呈似接触而又非接触的状态，然后慢慢上提物镜，当视野中的图像似有似无时，再用细螺旋慢慢调节，直至物像清晰为止。若需要用油镜，在被检部位滴加香柏油，使用完毕后用擦拭纸擦拭干净，以免污损镜头。

（6）收藏：观察完毕后，移开物镜，取下切片，或在低倍镜下取下切片，将切片放入切片盒，切忌高倍镜观察情况下直接抽拉切片，以免损坏镜头和切片。如果本次实验已全部进行完毕，则下降镜筒和聚光器，使低倍物镜对准通光孔，将显微镜复原。切忌将高倍镜对准通光孔，以免损坏镜头。最后将显微镜罩上镜套，放入显微镜柜中。

四、其他显微技术介绍

（一）荧光显微镜技术

荧光显微镜是以紫外线为光源，样品的某些特殊分子吸收后可发出荧光。在荧光显微镜中可观察到样品发出的荧光，即表示某种成分所在。荧光显微镜技术可在光镜水平对特异蛋白质等生物大分子进行定性定位的研究。

（二）电子显微镜技术

目前常用的有透射电子显微镜和扫描电子显微镜。

1. 透射电子显微镜　光源为电子流，以电磁场作为透镜，其分辨率可达 0.2nm，能将结构放大几十万倍。电子束穿透标本时因样品结构的差别在荧光屏上产生明暗反差的结构影像。电镜下所观察到的结构称为亚（超）微结构，统称为电镜结构。

2. 扫描电子显微镜　扫描电子显微镜的电子束是经聚焦后的电子探针，该电镜下观察的为组织和细胞的表面形态结构。其特点为视野较大，样品制作简单，在荧光屏上扫描成像，可以显示富有立体感的三维超微结构。

实验二

细　　胞

一、目的与要求

（1）掌握细胞在光镜和电镜下的基本结构。

（2）可在光镜下识别不同大小、形态的细胞。

（3）了解细胞的主要增殖方式——有丝分裂过程各期的形态特征。

二、观察切片

（一）光镜下细胞的形态结构

1. 光镜下观察细胞的一般形态结构

切片：猪脊神经节横切面，HE染色。

肉眼观察：猪脊神经节横切面呈圆形，紫红色。

低倍镜观察：神经节的外部有嗜酸性浅染的致密结缔组织被膜，内部可见许多圆形、椭圆形或其他形状、大小不等的深紫红色结构，即神经节细胞，选一圆形或椭圆形、较大、典型而清晰的细胞，换高倍镜观察。

高倍镜观察：镜下神经节细胞大多呈圆形或椭圆形，偶见胞体一侧有一淡红色的突起，细胞外周有一层较小的、扁平的卫星细胞围绕整个胞体。神经节细胞中央有一个大而圆、嗜碱性、着色浅的结构，为细胞核；细胞核中可见大而圆、明显的核仁；核仁周围可见小块状、细碎、着色浅的染色质；细胞中红色呈细颗粒状的嗜酸性物质即为细胞质；核膜在光镜下不能分辨（图2-1）。如果切面不经过细胞核或核仁，则镜下见不到细胞核或核仁，应再换一个具有完整细胞结构的典型细胞进行观察。

2. 高尔基复合体

切片：牛或马脊神经节纵切面，镀银法染色。

肉眼观察：牛脊神经节纵切面呈椭圆形，染成棕黄色。

低倍镜观察：可见脊神经节主要由深黄或棕黄色的神经纤维及位于纤维束间的呈淡黄色或棕黄色的神经节细胞构成。脊神经节细胞成群分布，切面呈圆形或椭圆形。胞体大小不等，在细胞中央有一不着色的看似空泡状的细胞核，选择一个细胞质中有黑色网状物的脊神经节细胞，转换高倍镜观察。

高倍镜观察：细胞质呈淡黄色或棕黄色，胞质中散布着棕黑色的网状物，即高尔基复合体。高尔基复合体有的呈网状，有的则被切断而呈粗颗粒状（图2-2）。在不同的细胞中，高尔基复合体数量不等，形态各异。

（二）动物细胞有丝分裂

切片：马蛔虫子宫，铁苏木精染色。

肉眼观察：切片中有4～6个圆形结构为马蛔虫子宫横切面，或1～2个长条形结构为马蛔虫子宫纵切面。

低倍镜观察：可见子宫壁由高柱状细胞构成，子宫腔内有许多圆形或椭圆形的马蛔虫卵切面。每个虫卵外周都包有一层较厚的胶质膜，膜内是处于不同分裂阶段的卵细胞。卵细胞的细胞质被染成淡蓝色，染色体被染成深蓝紫色。依据各分裂期的形态学特点，找出处于分裂前期、中期、后期和末期的卵细胞，依次转入高倍镜观察。

高倍镜观察：

1. 分裂前期 虫卵的胶质膜内只有一个圆形的卵细胞。染色质已变成染色体，核膜、核仁消失，已复制的两个中心体移向细胞的两极，纺锤体明显（图2-3）。

2. 分裂中期 纺锤体移至细胞中部，染色体移至纺锤体中央，从侧面看，染色体整齐地排列于纺锤体的赤道面上（图2-3），若从细胞的一极观察，则呈放射状排列。

3. 分裂后期 每个染色体分成两个染色单体，在纺锤体微管牵引下，向细胞两极的中心体移动，中部的胞膜向内缩窄呈哑铃状（图2-3）。

4. 分裂末期 胶质膜内有两个已完全分开的子细胞，纺锤体消失，染色体解聚变成小块状的染色质，核仁、核膜相继出现（图2-3）。

观察一个子宫切面不一定能同时见到各期的分裂象，可多观察几个子宫切面，直至见到各期分裂象。

三、示范切片

（一）细胞

示范以下，识别不同大小、形态的细胞

1. 立方形细胞

切片：羊或猪甲状腺，HE染色。

高倍镜观察：可见滤泡上皮细胞呈立方形，核圆形，位于细胞中央。细胞质弱嗜酸性，分布在核的周围。

2. 柱状细胞

切片：猪小肠切片或胆囊，HE染色。

高倍镜观察：可见绒毛表面整齐地排着一层柱状上皮，细胞呈高柱状，核椭圆形，位于细胞基部，细胞质弱嗜酸性，内有丰富的细胞器。细胞游离缘有密集的微绒毛，由于细胞排列紧密，而细胞膜极薄，细胞界限不清，但从核与核之间的距离可大体判断细胞的形态。

3. 星状有突起细胞

切片：猫脊髓，HE染色。

高倍镜观察：可见位于脊髓灰质腹角的运动神经细胞呈星状，胞体中央有一大而圆的细胞核，核内有较大的核仁。从胞体向外周伸出数个突起。

4. 梭形细胞

切片：蛙或蟾蜍肌分离装片，HE 染色。

高倍镜观察：可见平滑肌细胞呈长梭形，中部略宽，内有一深蓝色杆状或长椭圆形的细胞核。细胞两端尖细，胞质染成红色。

（二）线粒体

切片：马肝脏，铁苏木精染色；或小鼠小肠切片，铁苏木精染色。

高倍镜观察：肝细胞呈方形或多边形，细胞核位于中央，较大，呈淡黄色，核内呈蓝紫色块状或粒状的异染色质清晰可见，胞质中散布着许多深蓝色杆状或颗粒状线粒体。

小鼠小肠绒毛上皮细胞，可见淡黄色、椭圆形的细胞核位于细胞基部，在核周围尤其是细胞顶部，有许多蓝色线条状或粒状的结构即为线粒体。

（三）肝糖原

切片：兔肝脏，Best 卡红染色。

高倍镜观察：可见肝细胞呈多边形，细胞核位于中央，呈圆形嗜碱性（蓝色）。核周围胞质中有许多大小不等的红色颗粒，即肝糖原。

四、观看多媒体教学片、幻灯片和图片

通过观看多媒体教学片、幻灯片和图片，了解和掌握细胞膜、各种细胞器和细胞核的超微结构。

五、作业

绘制高倍镜观察的脊神经节切片（HE 染色）中脊神经节细胞结构图。

实验三

上　皮　组　织

一、目的与要求

（1）巩固和加深对上皮组织分布和结构特征的认识。
（2）熟悉上皮组织的分类原则，掌握各类被覆上皮的结构特征并加以区别。
（3）了解外分泌腺中腺上皮细胞的形态结构特点。
（4）了解上皮细胞游离面、侧面及基底面的特化结构。

二、观察切片

（一）单层柱状上皮

切片：犬小肠横切面，HE 染色。

肉眼观察：小肠横切面呈圆形或椭圆形，中央的空腔为肠腔，周围紫红色的部分为肠壁。

低倍镜观察：可见肠壁腔面有许多指状突起，即小肠绒毛，其表面被覆着单层柱状上皮，挑选一个结构清晰的小肠绒毛换高倍镜观察。

高倍镜观察：可见柱状上皮细胞排列整齐，胞质嗜酸易染成红色，胞核椭圆形，染成蓝紫色，位于细胞近基部。转动细调节螺旋，可见上皮细胞游离面有一条亮红色的粗线样结构即纹状缘，它由微绒毛密集而成。在上皮的基底面与结缔组织交界处有着色较深的基膜。在柱状上皮细胞之间夹有单个的呈空泡样的杯状细胞，属于单细胞腺，可分泌黏液。杯状细胞的顶部因含大量黏原颗粒而膨大成杯状，由于黏原颗粒不着色（或着淡蓝色）而呈空泡状。杯状细胞的基部较小，有一形态不规则或新月状的细胞核（图 3－1）。

（二）假复层纤毛柱状上皮

切片：兔气管横切面，HE 染色。

肉眼观察：气管横切面呈圆形，管腔较大而平整，管壁中有染成蓝紫色形如 C 字的透明软骨环。

低倍镜观察：气管的黏膜层较薄，被覆假复层柱状纤毛上皮，选择其中较清晰的部分换高倍镜观察。

高倍镜观察：可见上皮由一层高低不等、形态不同的细胞组成，每个细胞的底部均附着于基膜。由于细胞高低不一，故上皮细胞核不在同一平面上，从侧面看很像复层，实际上为单层。依据细胞的形态位置可分为下列三种（图 3－2）：

（1）柱状细胞：呈高柱状，顶端直达气管的腔面，游离面有发达的纤毛，核较大、卵圆形，着色较淡。

（2）梭形细胞：夹于柱状细胞之间，顶端不达腔面。细胞长梭形，核椭圆形，位于细胞中央，着色较深。

（3）锥形细胞：位于基底部，细胞小而密集，核圆形或椭圆形、着色较深。

上皮细胞之间夹有空泡状或淡蓝色泡沫样、形似高脚酒杯状的细胞，即杯状细胞，核呈扁平或三角形，染色深，位于细胞基部。

（三）复层扁平上皮

切片：兔食管横切面，HE 染色。

肉眼观察：食管横切面呈椭圆形，腔面因形成多个大的皱襞而不平整，管壁较厚。靠近管腔的食管壁内面呈蓝紫色的一厚层，即黏膜上皮。

低倍镜观察：找到紧靠腔面的复层扁平上皮，可见上皮厚，由多层细胞组成，上皮基底面凹凸不平，呈波浪状，选择一清晰部位换高倍镜观察。

高倍镜观察：从腔面向外，上皮细胞分三层，表层由数层扁平状的细胞构成，胞质弱嗜酸性，核扁平，由于角化程度不同，有的细胞核固缩浓染，变小甚至消失，最后呈鳞片状脱落。中间层由数层弱嗜酸性多角形细胞组成，细胞体积较大，细胞核圆形或椭圆形，着色较浅。基底层为一层呈立方形或矮柱状细胞，位于基膜上，胞质弱嗜碱性，排列紧密，胞核椭圆，着色深（图 3－3）。

三、示范切片

（一）单层扁平上皮

1. 正面观

切片：兔肠系膜铺片，镀银法染色。

高倍镜观察：由于细胞间存在少量嗜银性间质成分而被染成黑色，使细胞出现锯齿状的边缘，可清楚见到上皮细胞呈不规则的多边形，胞质呈淡黄色或无色。核圆形或椭圆形，位于细胞中央，不着色或淡黄色（图 3－4）。

2. 侧面观

切片：兔血管内皮，HE 染色。

高倍镜观察：可见细胞位于血管内腔面，呈扁平梭形。胞质极少，位于细胞的两端，呈淡红色的线状。细胞核呈扁圆形，紫蓝色，位于细胞中央并向管腔突出。

（二）单层立方上皮

切片：兔肾脏，HE 染色 。

高倍镜观察：肾的单层立方上皮，可见细胞的高度和宽度大致相等，细胞之间界限清楚。胞质淡，核圆且较大，位于细胞中央（图 3－5）。

（三）变移上皮

切片：犬膀胱，HE 染色 。

当膀胱收缩时，膀胱壁的变移上皮增厚，由不同形态的 4～6 层细胞组成。

高倍镜观察：表层细胞体积大，核圆，偶见双核，该细胞顶端的胞质浓缩而呈深红色，称壳层。中间层细胞稍小，多为梭形或倒梨形，有一个位于中央的圆形核，胞质染色淡而清亮。基底层细胞小，呈不规则立方形，排列较密，核圆，着色深（图 3－6）。当膀胱充盈扩张时，表面上皮细胞层次减少至 2～3 层，表面细胞形态变为扁平形。

（四）腺上皮

切片：羊颌下腺，HE 染色。

低倍镜观察：颌下腺属分支泡状腺，可见到许多导管及由浆液性细胞和黏液性细胞组成的三种不同形态的腺泡。

高倍镜观察：浆液性腺泡呈圆形或椭圆形，由数个锥形的浆液性细胞围成，腺细胞基部胞质嗜碱性，细胞顶部因含大量嗜酸性分泌颗粒而呈红色。核圆，位于细胞基部，中央有腺泡腔。

黏液性腺泡由锥形的黏液性细胞组成，胞质内含大量的黏原颗粒，着色很淡，呈淡蓝色，核被挤向基底部，呈扁平月牙形。

混合性腺泡则是在黏液性腺泡的一侧有几个染色较深的浆液性细胞附着，呈半月状排列，又称浆半月（图 3－7）。

（五）细胞的特化结构

通过观察电镜图片和幻灯片，了解上皮细胞游离面的微绒毛、纤毛，侧面的紧密连接、中间连接、桥粒、缝隙连接、镶嵌连接，基底面的基膜、质膜内褶和半桥粒的亚微结构。

四、作业

（1）绘制高倍镜下的单层柱状上皮结构图。

（2）绘制高倍镜下复层扁平上皮或假复层纤毛柱状上皮结构图。

实验四

固有结缔组织、软骨和骨

一、目的与要求

(1) 掌握固有结缔组织（主要是疏松结缔组织和网状组织等）的形态结构特点。

(2) 掌握骨组织及软骨组织的结构特点。

二、观察切片

(一) 疏松结缔组织

切片：小鼠或兔结缔组织铺片（活体注射台盼蓝），HE 及特殊的弹性纤维染色法复染。

肉眼观察：铺片染成蓝紫色，形态不规则且厚薄不均匀。

低倍镜观察：可见纵横交错、淡红色、粗细不等的胶原纤维和深紫色纤细的弹性纤维，纤维间有许多散在的细胞。选择一薄而清晰的部位换高倍镜观察。

高倍镜观察：

1. 胶原纤维 染成淡红色，数量多，为长短粗细均不等的纤维束，呈波浪状且有分支，相互交织成网（图 4-1）。

2. 弹性纤维 数量少，呈深紫色的发丝状，长而较直，也有分支，断端卷曲。

3. 成纤维细胞 数量最多，胞体大，具有多个突起，星形或多角形的细胞。由于胞质染色极浅而细胞轮廓不清，只能根据细胞核呈椭圆形，有 1～2 个明显的核仁等特点来判断，这些细胞多沿胶原纤维分布。另外还可见到一些椭圆形，较小且深染，核仁不明显的细胞核，此为功能不活跃的纤维细胞的细胞核。

4. 巨噬细胞 又称组织细胞，一般呈梭形或星形，最大的特征是胞质内有许多被吞噬的台盼蓝颗粒，细胞核较小，椭圆形且染色较深，见不到核仁，可借助于胞质中吞噬颗粒的存在来判断细胞的形状和大小。

5. 肥大细胞 常成群分布于毛细血管附近，胞体较大，呈卵圆形，胞核小而圆，居中，深染，经甲苯胺蓝染色后可见胞质中充满异染性颗粒。

6. 浆细胞 细胞呈椭圆形，轮状核居细胞一侧，胞质丰富，弱嗜碱性，核旁有一淡染区。浆细胞在一般的结缔组织内很少，而在病原微生物易入侵部位较多。

(二) 网状细胞

切片：牛或马淋巴结，HE 染色或镀银法染色。

肉眼观察：淋巴结周围色深的部分是淋巴结的皮质，中央色较浅的部分是淋巴结的髓质。

低倍镜观察：分清皮质和髓质，找到淋巴结髓质，将细胞分布比较稀疏的部分（髓窦）置高倍镜观察。

高倍镜观察：可见网状细胞较大，有数目不等的胞质突起，相邻网状细胞的突起可互相连接成网，胞质和突起呈弱嗜碱性，胞核圆形或椭圆形，着色浅（图4-2）。

（三）网状纤维

切片：牛淋巴结，镀银法染色。

肉眼观察：淋巴结的切面被染成棕黑色。

低倍镜观察：找到粗细不等交织成网的黑色纤维，换高倍镜观察。

高倍镜观察：可见着色深浅不同的两种纤维，其中较细呈黑色的是网状纤维，较粗呈棕色或灰黑色的是胶原纤维（图4-2）。

（四）透明软骨

切片：犬气管横切面，HE染色。

肉眼观察：在气管壁中有一条染成深蓝色的C形软骨环，即透明软骨。

低倍镜观察：找到透明软骨后，可见到表面粉红色的软骨膜，中央的软骨基质着浅蓝紫色，其中散布着许多软骨细胞（图4-3），转高倍镜观察。

高倍镜观察：软骨膜由致密结缔组织构成，可见嗜酸性平行排列的胶原纤维束，束间夹有扁平的成纤维细胞。软骨细胞位于软骨陷窝内，边缘的软骨细胞小，为扁平形或椭圆形，随着向中央靠近，细胞体积逐渐变大，呈卵圆形或圆形。生活状态下软骨细胞充满软骨陷窝，制片后因胞质收缩，软骨细胞与陷窝壁之间出现空隙。由于软骨细胞分裂增殖，一个陷窝内常可见到2～4个软骨细胞，称同源细胞群。软骨基质呈均质凝胶状，胶原原纤维埋于其中不能分辨。从软骨的边缘到中央，软骨基质由粉红色变成蓝紫色，在软骨陷窝周围的基质中含有较多的硫酸软骨素而呈深蓝紫色，称软骨囊。

（五）骨密质

切片：犬长骨骨干横截面磨片，大力紫染色或硫堇染色。

肉眼观察：骨磨片形状呈方形，着深蓝色。

低倍镜观察：由于是磨片，骨中的骨膜、骨细胞、血管及神经等有机物及骨松质已不存在，只留下骨板、骨陷窝及骨小管等结构。从外向内可见骨板分为外、中、内3层。外层骨板较厚，内层骨板较薄，它们分别围绕骨表面和骨髓腔作环行排列，称外环骨板和内环骨板。中间层骨板最厚，有许多同心圆排列的骨板系统，即骨单位。骨单位中央的深色管腔称中央管，周围环形的骨板是骨单位骨板。位于骨单位之间的一些呈不规则形状的骨板称间骨板。在骨板间或骨板内有许多深染的小窝，为骨陷窝，其周围伸出的细管为骨小管。骨陷窝和骨小管是骨细胞及其突起存在的腔隙。另外还有少数呈横行或斜行的管道穿通内、外环骨板并与中央管相通，称穿通管或横管（图4-4）。

三、示范切片

1. 脂肪细胞与脂肪组织

切片：禽脂肪组织或牛软腭，HE 染色 。

高倍镜观察：脂肪组织呈蜂窝状，由大量脂肪细胞及少量结缔组织和毛细血管构成。脂肪细胞较大，胞质内充满脂滴，胞核被挤到边缘，染色深呈扁平状。由于脂滴被溶去，故脂肪细胞呈空泡状（图 4－5）。

2. 致密结缔组织

切片：马肌腱，HE 染色。

高倍镜观察：可见平行排列的淡红色的胶原纤维束和夹于纤维束间的腱细胞。腱细胞核呈细长状，着色深，胞质少而不易察见（图 4－6）。

3. 弹性软骨

切片：耳廓，Weigert 染色，HE 复染。

高倍镜观察：弹性软骨的主要特征是基质中含有大量染成深蓝色的弹性纤维，交织成网。在软骨边缘的弹性纤维稀疏，深部的粗大而致密。软骨膜及软骨细胞的结构，基本同透明软骨。

4. 纤维软骨

切片：椎间盘，HE 染色。

高倍镜观察：可见基质中有大量呈淡红色平行排列的胶原纤维束，纤维束之间有较小的单个、成双或成行排列的软骨细胞。纤维软骨一部分与致密结缔组织相延续，另一部分与透明软骨相延续，无明显的软骨膜。

四、作业

（1）绘制高倍镜观察疏松结缔组织结构图。

（2）绘制高倍镜观察透明软骨结构图。

（3）绘制高倍镜观察骨单位结构图。

实验五

血 液

一、目的与要求

（1）掌握家畜血液中有形成分的形态结构特点，要求在显微镜下能正确地加以区分。
（2）了解畜禽血液的有形成分在形态上的异同。

二、观察血涂片

涂片：马（牛、猪、犬）血，瑞氏（Wright's）染色。

肉眼观察：良好的血涂片厚薄适宜，血膜分布均匀，呈粉红色。有些血涂片厚薄不均匀，主要是推片不齐，用力不匀及玻片不洁所致。选一厚薄适宜的部位在显微镜下观察。

低倍镜观察：可见到大量圆形无细胞核的红细胞。白细胞很少，稀疏地散布于红细胞之间，具有蓝紫色的细胞核。选白细胞较多的部位（一般在血膜边缘和血膜尾部，因体积大的细胞常在此出现），换高倍镜或油镜观察。

高倍镜或油镜观察：观察时应注意教材、挂图中的细胞形态都是典型化的，血细胞的形态不仅因动物而异，而且常因制片技术和染色偏酸、偏碱而使细胞形态或染色反应异常。如血膜过厚，细胞重叠而细胞直径偏小，血膜太薄，则细胞直径偏大，白细胞多集中于边缘。如果染色结果偏酸，则红细胞和嗜酸性颗粒偏红，白细胞的细胞核呈浅蓝色或不着色。如果染色结果偏碱，所有的红、白细胞呈灰蓝色，颗粒深暗，故观察时一定要根据具体情况，灵活掌握，对比分析，才能做出正确的判断。在高倍镜下可观察以下成分（图 5－1）。

1. 红细胞 数量最多，体积小而均匀分布，呈粉红色的圆盘状，边缘厚，着色较深，中央薄，着色较浅，无核和细胞器，胞质内充满血红蛋白（图 5－2）。

2. 嗜中性粒细胞 是白细胞中较多的一种，体积比红细胞大，主要特征是胞质中的特殊颗粒细小，分布均匀，着淡红色或浅紫色。胞核着深紫红色，形态多样，有豆形、杆状（为幼稚型，胞核细长，弯曲盘绕成马蹄形、S形、W形或U形等多种形态）或分叶状，一般分 3～5 叶或更多，叶间以染色质丝相连，叶的大小、形状各不相同。核分叶的多少与该细胞是否衰老有关，一般认为分叶越多，细胞越近衰老（图 5－3）。

3. 嗜酸性粒细胞 比嗜中性粒细胞略大，数量少，胞核常分为两叶，着紫蓝色。主要特点是胞质内充满粗大的嗜酸性特殊颗粒，色鲜红或橘红。马的嗜酸性颗粒粗大，晶莹透亮，呈圆形或椭圆形，其他家畜的嗜酸性颗粒较小（图 5－4）。

4. 嗜碱性粒细胞 数量少，体积与嗜酸性粒细胞相近或略小。主要特征是胞质中含有大小不等、形状不一的嗜碱性特殊颗粒，颗粒着蓝紫色，常盖于胞核上。胞核呈S形或双叶状，着浅紫红色。此种白细胞由于数量极少，必须多观察一些视野方能看到。

5. 淋巴细胞 有大、中、小三种类型。其中小淋巴细胞最多，血膜上很易见到，体积与红细胞相近或略大；核大而圆，几乎占据整个细胞，核一侧常见凹陷，染色质呈致密块状，着深紫蓝色；胞质极少，仅在核的一侧出现一线状天蓝色或淡蓝色的胞质，有时甚至完全看不见。中淋巴细胞体积与嗜中性粒细胞相近，形态与小淋巴细胞相似，但胞质较多，呈薄层围绕在核的周围，在核的凹陷处胞质较多且透亮，偶见少量紫红色的嗜天青颗粒。大淋巴细胞在正常血液中不常见到，体积与单核细胞相近或略小，胞核圆形着深紫蓝色，胞质较中淋巴细胞的多，呈天蓝色；围绕核周围的胞质呈一淡染区。

6. 单核细胞 是血细胞中体积最大的一种，胞核呈肾形、马蹄形或不规则形，着色浅，染色质呈细网状。细胞质丰富，弱嗜碱性，呈灰蓝色，偶见细小紫红色的嗜天青颗粒。

7. 血小板 体积小，常三五成群散布于细胞之间，形态为圆形、椭圆形、星形或多角形的蓝紫色小体，中央着色深的是血小板的颗粒区，周边着色浅的是透明区。

三、示范血涂片

1. 骆驼（或鹿）血涂片 瑞氏染色。

高倍镜观察：见红细胞呈椭圆形，无细胞核。其余血细胞的形态结构与一般家畜血液的有形成分相似。

2. 鸡血涂片 瑞氏染色。鸡血的有形成分与家畜比较有以下不同（图 5－5）：

（1）红细胞：呈椭圆形，中央有一深染的椭圆形细胞核，无核仁，胞质呈均质的淡红色。

（2）嗜中性粒细胞：又称异嗜性粒细胞，圆形，核具有 2～5 个分叶，胞质内嗜酸性的特殊颗粒呈杆状或纺锤形。

（3）凝血细胞：又称血栓细胞，相当于家畜的血小板。凝血细胞具有典型的细胞形态和结构，比红细胞略小，两端钝圆，核呈椭圆形，染色质致密。胞质微嗜碱性，内有 1～2 个紫红色的嗜天青颗粒。

其他血细胞与家畜血细胞形态相似。

四、作业

绘制高倍镜观察马（牛、猪、犬）血液中各种有形成分图。

实验六

肌　组　织

一、目的与要求

以骨骼肌为重点，掌握3种肌纤维的形态和结构特点，在显微镜下能准确识别它们纵、横切面的不同。

二、观察切片

（一）骨骼肌

切片：绵羊骨骼肌纵切面，猪骨骼肌横切面，或马舌肌，HE染色。

肉眼观察：切片上有一块呈蓝色的组织块，较长的一块是骨骼肌纵切面，椭圆形的为骨骼肌横切面。

低倍镜观察：骨骼肌的纵切面上有许多平行排列着的肌纤维，圆柱状，具有明暗相间的横纹，边缘有很多扁椭圆形的细胞核（图6-1）。横切面上可见肌纤维聚集成束，被切成许多圆形或多边形断面（图6-2）。无论纵切面或横切面的肌纤维周围都有疏松结缔组织包裹（肌内膜和肌束膜），结缔组织内含丰富的血管和神经。在舌肌切片上可观察到不同切面的肌纤维（图6-3）。

高倍镜观察：观察一条横纹清晰的肌纤维，在肌纤维膜下分布着一些椭圆形的细胞核，可以见到核仁。肌纤维内含有顺长轴平行排列的肌原纤维，很多肌原纤维上的明带（I带）和暗带（A带）相间排列，形成横纹。仔细观察在暗带中有一淡染的窄带称H带，H带中央还有一细的M线，在一般光镜下通常不易分辨。在明带中央有一条隐约可见的Z线，相邻两条Z线之间的一段肌原纤维，为一个肌节。

肌纤维的横切面上可见肌原纤维被切成点状或短杆状（斜切），有的均匀分布，有的则被肌浆分割成一个个小区。在横切面上还可以见到少量位于周边的圆形核。

（二）心肌

切片：绵羊心肌切片，HE染色。

低倍镜观察：由于心肌纤维呈螺旋状排列，故在切面中可同时观察到心肌纤维的纵切、斜切或横切面。各心肌纤维之间由结缔组织相连，并含有丰富的血管。

高倍镜观察：先观察纵切的心肌纤维，细胞呈短柱状，平行排列，并以较细而短的分支与邻近的肌纤维相吻合，互接成网。心肌纤维彼此连接处深染的粗线为闰盘。胞核椭圆形，1～2个，位于细胞中央，注意核周围由于肌浆较多而呈淡染区。心肌纤维亦可见明暗相间的横纹，但不如骨骼肌明显（图 6－4）。

心肌纤维横切面呈大小不等的圆形或椭圆形断面，心肌没有骨骼肌那样结构典型的肌原纤维，胞质中间有一圆形胞核，核周围清亮，但很多切面未能切到核。

（三）平滑肌

切片：马十二指肠横切面，HE 染色。

肉眼观察：切片呈红色，本实验观察的是肌层，呈深红色，且较厚。

低倍镜观察：肠管中空的部分为肠腔，自肠腔由内向外组织切片颜色依次为蓝色、淡红色、深红色和淡红色，其分别显示了十二指肠的黏膜层、黏膜下层、肌层和浆膜。肌层较发达，由平滑肌纤维呈内环行、外纵行排列。两层平滑肌之间常有少量结缔组织和血管存在。在此切面上内环肌呈纵切，外纵肌呈横切。

高倍镜观察：纵切的平滑肌纤维呈细长纺锤形，彼此嵌合，紧密排列，胞核为长椭圆形，位于肌纤维中央，若见到扭曲的细胞核，是由于平滑肌收缩所引起。胞质嗜酸性，呈均质状，无横纹。横切的肌纤维呈大小不等的圆形切面，有的切面中央可见圆形的细胞核，有的无核（图 6－5）。

三、示范切片

1. 心肌闰盘　铁苏木精或钾矾苏木精染色。高倍镜观察可清楚见到肌纤维的分支和横纹，在两个心肌纤维的连接处，可见到染成深蓝色呈阶梯状的闰盘（图 6－4）。

2. 肌节的超微结构　观察多媒体、幻灯片及教材了解 I 带、A 带、H 带、M 线、Z 线的形成及构造。

3. 闰盘的超微结构　观察多媒体、幻灯片及教材，了解心肌纤维闰盘的形成及构造。

四、作业

绘制高倍镜观察骨骼肌、心肌、平滑肌纤维的纵、横切面图。

实验七

神经组织和神经系统

一、目的与要求

（1）掌握神经元及神经纤维的形态结构特点。
（2）掌握脊髓、小脑、大脑和神经节的构造特征。
（3）了解几种主要的神经末梢的结构和几种神经胶质细胞的形态。

二、观察切片

（一）多极神经元

切片：猫脊髓横切面，HE染色（或银染、Nissl染色）。

肉眼观察：标本略呈椭圆形，中间着色较深呈蝶翼状的是脊髓灰质，灰质周围呈淡蓝色的为白质。

低倍镜观察：先观察脊髓全貌，找到脊髓中央管，把灰质置视野中心，可见在灰质中有成群或单个呈蓝色、大小不等、形态各异的多极神经元，位于腹角的神经元多而大，选择一个大而突起多、胞核清晰的神经元换高倍镜观察。

高倍镜观察：神经元呈星状，由胞体（核周体）和突起构成（图7-1）。

1. 胞体　中央有一个大而圆、着色很淡的细胞核，核与核仁均很清晰，染色质呈细颗粒状。胞质中散布着许多深蓝色、大小不等的块状物，即尼氏体。在HE染色的切片上尼氏体不甚清楚，呈淡紫红色。胞体内还有许多细丝状的神经原纤维，用镀银法染色方可显示。

2. 突起　有树突和轴突两种，突起的数目与切面有关。在胞突的起始部，含有尼氏体的是树突，数目较多。不含尼氏体的是轴突，其起始部称轴丘。一个神经元只有一个轴突，因切面关系不易呈现，需多观察几个神经元，方能见到。胞突内均有神经原纤维，在胞体内交错排列成网，在突起内平行排列。

在神经元的周围还可见到许多被切断的神经纤维和一些神经胶质细胞的细胞核，主要是星形胶质细胞和小胶质细胞的核。

（二）有髓神经纤维

切片：兔脊神经纵切片、横切面，HE染色。

肉眼观察：标本呈淡紫红色，一块是纵切面，另一块是横切面。

低倍镜观察：纵切面上可见许多紧密排列的有髓神经纤维由结缔组织相连。横切面上可见脊神经外包有致密结缔组织的神经外膜，外膜伸入神经内构成神经束膜，束膜的结缔组织再伸入分布于每条神经纤维之间，即神经内膜。

高倍镜观察：观察清晰的纵行神经纤维，可见中央有一条深色的轴索，围绕在轴索周围的是髓鞘，由雪旺细胞膜包绕而成。由于细胞膜的主要成分为磷脂，脂质在制片过程中被溶解，仅留下神经角蛋白网。在髓鞘的边缘可见到长椭圆形的神经膜细胞（雪旺细胞）核。在相邻的两个神经膜细胞之间可出现间隔，称神经纤维结或郎飞结，此处只有轴索而无髓鞘包裹。每根神经纤维外都有一薄层的结缔组织，即神经内膜。神经纤维集合在一起形成神经纤维束，在神经纤维束的外表面有神经束膜包裹，若干条神经纤维束聚集构成神经干，神经干外表面被覆的结缔组织膜为神经外膜，神经外膜的结缔组织中有血管、淋巴管和脂肪组织。若是浸染锇酸的标本，以上这些结构可以看得更为清楚。

观察有髓神经纤维的横切面，则可见到很多圆形的断面，其中央深色的点为轴索的断端，周围呈网状的为髓鞘，再外则是神经膜细胞的胞质（图 7－2）。

（三）脊髓

切片：马胸段脊髓横切面，HE 染色。

肉眼观察：脊髓横切面呈椭圆形，中间着色较深呈蝶翼状的是脊髓灰质，周围着色浅的是白质。

低倍镜观察：移动标本观察脊髓全貌，外表面包有薄层结缔组织，即脊软膜。脊髓背侧有背正中沟，腹侧有一深沟为腹正中裂。脊髓中央是灰质，其尖细的角为背角，钝而宽大的角为腹角，在胸腰部脊髓，背角与腹角之间还有外侧角。脊髓中央的小孔为脊髓中央管，由室管膜上皮围成（图 7－3）。

高倍镜观察：可见脊髓灰质背角有胞体较小的多极神经元，即中间神经元。腹角有许多胞体较大的多极神经元，即运动神经元。外侧角有植物性神经的节前神经元的胞体。在神经元之间，还有神经胶质细胞和无髓神经纤维。白质位于灰质周围，主要由粗细不等的有髓神经纤维横切面和散布于其间的神经胶质细胞构成。由于 HE 染色不能显示神经胶质细胞的形态，仅见到形态和大小各异的细胞核，如较大、圆形或椭圆形的星形胶质细胞核；较小、呈圆形的少突胶质细胞核；小而浓染、卵圆形或三角形的小胶质细胞核等（图 7－3）。

（四）小脑

切片：马小脑，HE 染色（或银染）。

肉眼观察：小脑表面许多平行的浅沟把小脑分隔成许多小脑叶，每一个小脑叶表层紫红色部分是皮质（灰质），深部淡红色为髓质（白质）。

低倍镜观察：分清表面的脑软膜、皮质和髓质（图 7－4）。转高倍镜观察皮质和髓质。

高倍镜观察：

1. 小脑皮质　由表及里呈现 3 层结构：

（1）分子层：位于皮质最表层，较厚、着淡红色，内有大量淡红色的无髓神经纤维切面（主要是浦肯野细胞的树突）、少量神经细胞和神经胶质细胞。浅层细胞只能看到核，为星形细胞，深层细胞含少量胞质，为篮状细胞。

（2）浦肯野细胞层：位于分子层深层，由一层胞体呈梨状、大而不连续的浦肯野细胞构成，其胞体顶端的主树突伸入分子层，轴突穿过颗粒层进入髓质。浦肯野细胞是小脑皮质中最大的神经元。

（3）颗粒层：紧靠浦肯野细胞层，较厚，由大量胞体较小的颗粒细胞和少量胞体较大的高尔基Ⅱ型细胞构成。由于细胞小且排列紧密，细胞轮廓不易分辨，仅见大量圆形或椭圆形嗜碱性的细胞核，似密集的颗粒而得名。细胞核之间深红色的块状物，即小脑小球。

2. 小脑髓质（白质）　在颗粒层深面，由许多纵行排列的有髓神经纤维和神经胶质细胞构成。有髓神经纤维髓鞘已在制片过程中被脂溶剂溶去，仅见到神经纤维中央着红色的轴索和其两侧的神经角蛋白网、神经膜细胞外胞质。

（五）大脑皮质

切片：猪大脑，HE染色（或银染）。

肉眼观察：大脑表层有明显的裂隙，为脑沟，其间隆起为脑回。

低倍镜观察：分清脑组织表面的脑软膜，脑回的外围为皮质，中央为髓质，转高倍镜观察皮质的结构。

高倍镜观察：皮质由表及里共有6层结构。

1. 分子层　皮质的最浅层，神经元较少，神经纤维较多，着淡粉色。

2. 外颗粒层　细胞小而密集，染色较深，以星形细胞和小锥体细胞为主。

3. 外锥体细胞层　细胞排列较外颗粒层稀疏，其浅层为小型锥体细胞，深层为中型锥体细胞。

4. 内颗粒层　细胞密集，多数为星形细胞。

5. 内锥体细胞层　主要由大、中型锥体细胞组成。

6. 多型细胞层　为紧靠髓质的一层。细胞排列疏松，形态多样，以梭形细胞为主，还有锥体细胞、颗粒细胞等。

（六）脊神经节

切片：猪脊神经节，HE染色。

肉眼和低倍镜观察：脊神经节纵切面呈椭圆形，着紫红色。外表面有致密结缔组织被膜，并伸入节内分布于神经节细胞和神经纤维束之间。选择结构清晰的神经细胞群，转高倍镜观察。

高倍镜观察：脊神经节细胞的胞体切面多呈圆形，大小不等，胞质嗜酸性，尼氏体呈细颗粒状，胞核大而圆，位于胞体中央，核仁明显。脊神经节的神经元为假单极神经元，偶见胞体一侧有一个淡红色的胞突起始部。围绕胞体外周的一层扁平或立方形细胞即卫星细胞（图7-5）。在细胞群之间可见到大量神经纤维的纵切面，其中主要是有髓神经纤维，无髓神经纤维很少。

三、示范切片

1. 神经原纤维

切片：猫脊髓横切片，镀银法染色。

高倍镜观察：可见脊髓腹角的运动神经元胞体内有许多长短和粗细不等、呈棕黑色的细丝，即神经原纤维，它在胞体内呈网状排列，在轴突和树突中则平行排列。

2. 无髓神经纤维

切片：猫或兔交感神经纵切片，HE染色。

高倍镜观察：无髓神经纤维呈粉红色的纤维束，被神经膜细胞（雪旺细胞）包裹，但不被细胞膜缠绕，只是嵌入胞质中，故不形成髓鞘和神经纤维结。神经纤维表面有很多椭圆形的细胞核，大部分是神经膜细胞的细胞核，小部分是结缔组织的细胞核。

3. 星形神经胶质细胞

切片：大脑切片，镀银法染色。

高倍镜观察：可见呈黑色的星形胶质细胞，有很多突起，不分轴突和树突，看不到胞核。可见有的突起附着在血管壁上，起营养作用（图7-6）。

4. 环层小体

切片：猫肠系膜环层小体装片。

低倍镜观察：环层小体是一种大型感受器，可见到一体积大呈圆形或椭圆形的小体。小体中央有一根直而深蓝色的无髓神经纤维，外包数十层由扁平的结缔组织细胞（注意其扁小而深染的细胞核）排列成同心圆的被囊。

5. 运动终板

切片：马肋间肌压片，氯化金法染色。

低倍镜观察：可见一条较粗而呈深黑色的运动神经纤维，分布于许多条淡红色的骨骼肌纤维上。神经纤维到达骨骼肌纤维前，分出一些爪状的分支，每一分支的终末形成扣状膨大，贴附于骨骼肌表面的凹槽内，即为运动终板。骨骼肌纤维染成淡红色，有不甚明显的横纹。

6. 植物性神经节

切片：猫或猪交感神经节，HE染色。

高倍镜观察：其结构基本与脊神经节相似，但具以下不同点：

（1）节内的神经细胞是多极神经元，胞核大而圆。细胞散在分布，不集聚成群。

（2）由于节细胞突起较多，故卫星细胞排列不整齐，且与胞体距离较远。

（3）细胞之间的神经纤维大部分是无髓神经纤维。

四、作业

（1）绘制高倍镜观察多极神经元图。

（2）绘制高倍镜观察有髓神经纤维纵切面图。

（3）绘制高倍镜观察小脑皮质切面图。

实验八

循 环 系 统

一、目的与要求

（1）掌握中动脉和心脏的基本结构。

（2）掌握大动脉和毛细血管的结构特点。

（3）了解静脉和淋巴管的结构特点。

（4）显微镜下正确区分小动脉、小静脉和小淋巴管。

二、观察切片

（一）中动脉及中静脉

切片：猪中动、静脉，HE 染色。

肉眼观察：切片上的中动脉横切面呈圆形，管壁厚，着色较深。中静脉管壁塌陷，呈扁圆形或不规则形。

低倍镜观察：从腔面开始观察，大致可分为三层：靠近腔面呈波纹状、较薄的部分为内膜，中间厚而红的一层为中膜，外层厚而颜色浅的为外膜。中静脉管壁薄，管腔大，常塌陷呈不规则形。然后将动、静脉分别置于高倍镜观察。

高倍镜观察：从内向外分别观察中动脉的内膜、中膜和外膜（图 8－1）。

1. 内膜　管壁最内层，很薄，由于内弹性膜的收缩，故切面上呈波纹状。内膜从内向外可分为三层：

（1）内皮：衬于腔面的单层扁平上皮，其核深紫色并突向腔面。

（2）内皮下层：位于内皮深面与内弹性膜之间很薄的结缔组织，有的血管较明显，有的不明显。

（3）内弹性膜：明显，呈亮红色的波纹状，是内膜和中膜的分界线。

2. 中膜　很厚，染色较深，由数十层环行排列的平滑肌纤维组成，细胞核呈蓝紫色短线状，在平滑肌纤维之间呈淡红色的为弹性纤维和胶原纤维。在中膜与外膜交界处，有由密集的弹性纤维组成的外弹性膜，但不如内弹性膜明显。

3. 外膜　厚度与中膜相近，由疏松结缔组织组成，内含螺旋状或纵向分布的弹性纤维和胶原纤维，还可见到自养血管、淋巴管和弹性纤维。外膜的结缔组织直接移行为血管间结缔组织。

与中动脉相比，中静脉有以下特点：①内膜不发达，仅由内皮和内皮下层构成，内弹性膜不明显。②中膜较薄，平滑肌层数少。③外弹性膜不明显，外膜较中膜厚，外膜的疏松结缔组织中有散在的纵行平滑肌和自养血管。

（二）心脏

切片：小鼠或其他动物心脏，HE染色。

肉眼观察：小鼠的心脏切片中有一完整的心形结构。羊、马、猪的心壁很厚，染成较深的红色，切面中不平整的一面是心内膜，向外依次是心肌膜和心外膜。

低倍镜观察：从腔面向外观察心壁。紧靠腔面呈淡红色的部分为心内膜，其深面很厚而着色深红的部分为心肌膜，最外层是心外膜，内含空泡样的脂肪细胞（图8-2）。

高倍镜观察：逐层观察下列结构：

1. 心内膜　从内向外又分以下三层：

（1）内皮：单层扁平上皮，与血管内皮相连，细胞核所在部位略微隆起。

（2）内皮下层：位于内皮深层，为薄层疏松结缔组织。

（3）心内膜下层：为疏松结缔组织，与内皮下层无明显分界，内含血管、神经，还可见到单个或成群（束）的浦肯野纤维的断面，其特征：比心肌纤维粗大，横切面呈圆形或椭圆形，胞质嗜酸性，肌原纤维极少，染色较淡，胞核较小，圆形，有时可见双核，核的位置偶尔不在细胞中央。

2. 心肌膜　心壁最厚的一层，由心肌纤维构成。心肌纤维呈螺旋状排列，切片中可见纵、横、斜等各种切面。心肌纤维的详细结构可见实验六。

3. 心外膜　心壁最外层，很薄，由薄层疏松结缔组织和外表面的间皮构成，内含血管、神经和脂肪组织。有些心肌切片的心内膜和心外膜可能没有被切到。

三、示范切片

1. 大动脉

切片：羊大动脉横切片，HE染色。

高倍镜观察：与中动脉相比，大动脉管壁有以下特点：内皮下层较厚而明显；内弹性膜与中膜相连，故内膜与中膜的界限不明显；中膜较厚，有数十层粗大亮红色的呈波纹状排列的弹性膜，其间夹有少量平滑肌纤维、弹性纤维和胶原纤维；外膜较中膜薄，无明显外弹性膜，与中膜分界不明显。

2. 小动脉、小静脉、小淋巴管和毛细血管

切片：含疏松结缔组织的各种器官（如小肠黏膜下层）切片，HE染色。

低倍镜观察：器官的疏松结缔组织内有许多伴行的小动脉、小静脉、小淋巴管切面（图8-3）。将小动脉、小静脉、小淋巴管置于同一视野观察。小动脉的管腔小、管壁厚而着色深，管腔内通常无血细胞或仅有少量血细胞，内皮外围绕着数层环行的平滑肌，平滑肌外面的结缔组织与血管间结缔组织相连。小静脉的管腔大而不规则，腔内有血细胞，管壁薄，着色浅，内皮细胞外面仅见到薄层结缔组织。小淋巴管的结构与静脉相似，但管腔更大，管壁更薄，腔内常可见到许多淋巴细胞。毛细血管则位于结缔组织纤维之间，可见到许多切面，管腔小，腔内带有1～2个红细胞或缺红细胞，管壁仅由内皮细胞围成，细胞核突向腔面。

四、作业

（1）绘制低倍镜观察中动脉横切面图。

（2）绘制高倍镜观察小动脉、小静脉和小淋巴管结构图。

实验九

免 疫 器 官

一、目的与要求

（1）掌握淋巴结和脾脏的组织构造及二者在组织结构上的异同点，了解它们在免疫过程中的动态变化。

（2）了解猪淋巴结的结构特点。

（3）了解胸腺、骨髓和禽类腔上囊的结构特点及B、T淋巴细胞的分化、发育过程。

二、观察切片

（一）淋巴结

切片：牛（或马）淋巴结，HE染色。

肉眼观察：淋巴结切面呈豆形，一侧凹陷处为门部，外周一薄层淡红色的是被膜，被膜深面的结构中，外周紫色的部分是淋巴结皮质，中央淡红色疏松的部分是髓质。

低倍镜观察：依次分辨被膜、小梁、皮质和髓质（图9-1、图9-2），然后转高倍镜依次观察各部分结构。

高倍镜观察：

1. 被膜和小梁 位于淋巴结外周的薄层淡红色被膜，主要由致密结缔组织和少量平滑肌构成。被膜上偶见输入淋巴管的切面。门部结缔组织较多并伴有输出淋巴管和血管的切面。结缔组织从多处伸入皮质和髓质，穿行于淋巴组织中形成小梁，构成淋巴结的粗支架。小梁断面呈淡红色，宽窄不等，形态各异，有的小梁上可见到血管，即小梁动脉和小梁静脉。

2. 皮质 位于被膜下层的深蓝色的致密淋巴组织，又分为三层。

（1）浅层皮质：位于皮质浅层，如果是正在发生免疫反应的淋巴结，则可见浅层皮质中的淋巴组织密集成圆形或椭圆形的淋巴小结，小结中央的淡染区为生发中心，还有明区、暗区和小结帽等结构。淋巴小结内有95%的细胞为B淋巴细胞，还可见到巨噬细胞，另外还有滤泡树突细胞和T淋巴细胞等。如果淋巴结未处于免疫反应状态，则见不到典型的淋巴小结在淋巴小结之间是弥散的淋巴组织。

（2）深层皮质：又称副皮质区，位于皮质深层，为厚层弥散淋巴组织，主要由T淋巴细胞和巨噬细胞等构成。还可见到毛细血管后微静脉。

（3）皮质淋巴窦：移动切片至被膜深面或小梁周围，可见到一些疏网状的间隙，即为皮质淋巴窦。皮质淋巴窦又可分为被膜下窦和小梁周窦。窦壁是连续性的单层扁平内皮，窦内有网状细胞、巨噬细胞和淋巴细胞等。

3. 髓质　位于淋巴结中央的疏松部分，包括紫蓝色的髓索和其周围疏网状的髓质淋巴窦。髓索是条索状的淋巴组织，彼此吻合成网，主要由B淋巴细胞构成，另外还可见到浆细胞、网状细胞和巨噬细胞等。髓质淋巴窦是髓索之间的疏网状区域，窦腔较大，结构与皮质淋巴窦相同，但较宽大，与输出淋巴窦相通，腔内巨噬细胞较多。

（二）脾脏

观察切片时应注意与淋巴结作比较，分析它们在组织结构上的异同点。

切片：牛脾脏，HE染色。

肉眼观察：切面呈三角形或长椭圆形，表面呈粉红色的为被膜，其中呈紫红色的部分为红髓，散布于红髓间的蓝色小点为白髓。

低倍镜观察：在镜下从外向内辨别被膜、小梁、红髓、白髓和边缘区（图9-3）。

高倍镜观察：

1. 被膜和小梁　脾脏的表面覆盖着浆膜，由表面间皮和深层的结缔组织构成，可见间皮的细胞核整齐地排列于脾的表面。浆膜下是被膜，由致密结缔组织和大量平滑肌纤维构成。结缔组织和平滑肌纤维深入实质，形成许多分支状小梁，在切面上可见许多粗大的肌性小梁的断面。

2. 白髓　散在于红髓间，为略呈圆形、着蓝紫色的致密淋巴组织团块，由动脉周围淋巴鞘和脾小体共同构成。在切面上可见动脉周围淋巴鞘是围绕着1～2个小动脉（中央动脉）周围较厚的弥散淋巴组织，由大量T淋巴细胞、少量巨噬细胞和交错突细胞等构成。脾小体是位于动脉周围淋巴鞘一侧的淋巴小结，主要由B淋巴细胞构成，也有生发中心、明区、暗区和小结帽等结构。

3. 边缘区　位于红髓与白髓交界处，宽100～500μm，呈红色，细胞排列较白髓稀疏，但较红髓密集。此处主要含B淋巴细胞，也含T淋巴细胞、巨噬细胞、浆细胞和各种血细胞。

4. 红髓　分布于被膜下、小梁周围、白髓及边缘区的外侧。由脾索和脾窦构成。脾索在切面上呈索条状，由网状组织、T淋巴细胞、B淋巴细胞、浆细胞和其他白细胞构成。脾窦位于脾索之间，又称为脾血窦，可有纵、横、斜等切面，窦壁的长杆状内皮细胞含核部分较厚，并突向管腔。管腔大小不等，内含有各种血细胞（图9-4）。另可见巨噬细胞附着于脾窦壁外。通常由于动物放血后，脾窦收缩变窄，以致在切面上难以分辨脾索和脾窦。

（三）胸腺

切片：小牛或幼犬胸腺，HE染色。

肉眼观察：胸腺切片着较深的蓝紫色，由淡红色的结缔组织分隔成小叶。

低倍镜观察：从外向内分辨出被膜、伸入实质中的小叶间隔、胸腺小叶内的皮质和髓质等结构，可见胸腺小叶周围着深蓝色的部分为皮质，中央着淡红色的为髓质（图9-5）。

高倍镜观察：

1. 被膜和小叶间隔　被膜位于胸腺表面，由薄层结缔组织构成。结缔组织伸入实质形成小叶间隔，把实质分隔成不完全的小叶。切面中常见相邻小叶的髓质相互连接（图9-6）。

2. 皮质　主要由胸腺上皮细胞构成支架，内有大量淋巴细胞（又称胸腺细胞）及少量巨噬细胞。被膜下胸腺上皮细胞仅位于被膜下和小叶间隔旁，为扁平上皮细胞。在皮质部，胸腺上皮细胞变为星形上皮细胞，细胞较大，且有多个突起，胞核圆形，位于中央，细胞突起之间连接成网状支架，并围绕于毛细血管的周围，形成血-胸腺屏障。但在切片上，由于淋巴细胞密集，不易观察到细胞全貌。淋巴细胞多而密集于胸腺皮质内，皮质浅层为大、中淋巴细胞，深层为小淋巴细胞。巨噬细胞数量较多，分散在淋巴细胞之间。

3. 髓质 位于胸腺小叶中心，与皮质界限不清。髓质上皮细胞呈球形或多边形，胞体较大，上皮细胞之间分散有少量的淋巴细胞，在髓质常可见到一处或多处略呈圆形并由多个呈扁平状的胸腺小体上皮细胞围成的淡红色的结构即为胸腺小体，小体外层上皮细胞可见蓝紫色的细胞核，中央部上皮细胞的胞核模糊不清或消失。胞质呈均匀嗜酸性，常融合在一起（图 9－7）。

三、示范切片

1. 淋巴结

切片：猪淋巴结，HE 染色。

低倍镜观察：与牛淋巴结比较有下列特点：

（1）含有淋巴小结及弥散淋巴组织的区域，位于淋巴结中央，含髓索和髓窦的区域则位于淋巴结的周围。

（2）髓质淋巴组织中淋巴窦数量少而狭窄，所以髓索不明显。

（3）被膜上多处见到输入或输出淋巴管切面。

2. 骨髓

切片：马或其他动物骨髓涂片，姬姆萨-瑞氏混合染色

高倍镜观察：可见处于不同发育阶段的各种血细胞。如一个处于晚期幼稚阶段的红细胞（晚幼红细胞），可见细胞质从嗜碱性到嗜酸性，细胞核圆形并逐步变小，染成蓝到蓝黑色。

3. 禽类腔上囊

切片：鸭腔上囊横切片，HE 染色。

低倍镜观察：从内向外可见囊壁由黏膜层、黏膜下层、肌层和外膜构成。黏膜层较厚，黏膜下层、肌层和外膜较薄。黏膜向囊腔形成两个纵行大皱襞。

高倍镜观察：从内向外观察，可见皱襞黏膜上皮为假复层柱状上皮。固有层的疏松结缔组织中有许多圆形或椭圆形或不规则多边形的淋巴小结样结构，称淋巴滤泡或史丹纽滤泡。每个滤泡由外周着色深的皮质和中央着色浅的髓质构成。皮质由稠密的中小淋巴细胞、巨噬细胞和上皮性网状细胞构成。髓质由上皮性网状细胞、大中淋巴细胞和巨噬细胞组成。

四、作业

（1）绘制低倍镜观察部分牛（羊）淋巴结结构图。

（2）绘制低倍镜观察部分脾脏结构图。

实验十

被 皮 系 统

一、目的与要求

掌握家畜皮肤及其衍生物——毛、皮脂腺、汗腺及乳腺的组织结构。

二、观察切片

（一）有毛皮肤

切片：猪（或马）皮肤，HE 染色。

肉眼观察：表面呈紫色部分为皮肤的表皮，中部红色的是真皮，深层淡红色部分是皮下组织层。

低倍镜观察：由浅至深移动标本，区别表皮、真皮和皮下组织三层结构（图 10－1）。注意各层的厚度、着色深浅和结构的差异。表皮和真皮交界处，两层组织交错镶嵌。在真皮中找圆柱状的毛、毛周围的皮脂腺、汗腺和竖毛肌。转高倍镜观察其微细结构。

高倍镜观察：

1. 表皮 为角化的复层扁平上皮，由内向外可分为三层。

（1）生发层：位于表皮的最深层，增生能力强，不断分裂出新的表皮细胞，故可见到有丝分裂象。该层又可分为两层：

①基底层：由一层矮柱状或立方形细胞构成。胞核椭圆形或圆形，着色深，胞质少，呈弱嗜碱性并含有黑色素颗粒。

②棘细胞层：位于颗粒层的深面，由多层菱形或多边形细胞构成，细胞较大，胞核大而圆，染色浅。细胞质内也含有黑色素颗粒。

（2）颗粒层：位于角质层的深面，由 2～3 层扁平的梭形细胞构成。胞质内含有粗大、深蓝紫色的透明角质颗粒。

（3）角质层：着色较红，由多层扁平的无核细胞构成。细胞已死亡并角质化，脱落形成皮屑。

2. 真皮 由致密结缔组织构成，细胞成分少。又分为表层的乳头层和深层的网状层。

（1）乳头层：染色较浅，纤维较细密，内含丰富的血管。乳头层向表皮深层形成乳头状隆起，即真皮乳头，与表皮层彼此凸凹镶合呈波纹状。

（2）网状层：染色较深，含有粗大的胶原纤维束和弹性纤维，彼此交织成网，还可见到斜向排列的毛和毛囊、皮脂腺、汗腺及其导管。

3. 皮下组织 此层较厚，为疏松结缔组织，内有大量脂肪细胞。

4. 皮肤的衍生物

（1）毛与毛囊：毛的纵切面呈长圆柱状。露于皮肤外的部分为毛干，埋于皮肤内的部分为毛根，毛根外包有深色的毛囊，毛根及毛囊末端膨大部为毛球，其底部内凹，嵌入的结缔组织为毛乳头，内有丰富的血管和神经。毛中央呈红色的部分为髓质，周围浅黄色部分是皮质，皮质边缘淡红色的薄层结构为毛小皮。毛囊包在毛根外面，由内面的毛根鞘（多层上皮细胞）和外面的结缔组织鞘构成。有时标本上还可见到毛及毛囊的横切面和斜切面，有的切面中毛已脱落，仅留有单个毛囊或毛囊群。

（2）竖毛肌：位于毛的一侧，为一束斜行的平滑肌，呈红色，连于毛囊的基部，斜向终止于真皮浅部。

（3）皮脂腺：为分支的泡状腺，位于毛囊与竖毛肌之间。腺体由分泌部和导管部构成。分泌部近基膜的细胞较小，着色深，有增殖能力。靠中央的细胞大，呈多角形，胞质中脂滴被溶解而呈空泡状。腺腔狭窄，导管很短，开口于毛囊。

（4）汗腺：为单管状腺，由分泌部和导管部构成。分泌部的管腔较大（牛、羊呈囊状）。腺上皮细胞呈矮柱状或立方形。细胞底部与基膜之间有深染的肌上皮细胞，其核呈长杆状。由于腺体分泌部盘曲成团，故在切片上见到汗腺成群分布于真皮深部，有时可伸至皮下结缔组织内。导管管腔窄，由两层立方形细胞围成，开口于毛囊或穿过表皮开口于体表。

（二）无毛皮肤

切片：猫趾枕，HE 染色。

低倍镜观察：猫趾枕结构与有毛皮肤结构相比较，具有两个特点：①表皮很厚，表皮的角质层与颗粒层之间有一淡红色的透明层。②真皮也较厚，缺乏毛、皮脂腺和竖毛肌等，但汗腺发达。其余结构与有毛皮肤的结构相似。

（三）哺乳期乳腺

切片：羊哺乳期乳腺，HE 染色。

肉眼观察：乳腺切片呈淡紫红色，内含许多着色较深的块状物，即乳腺小叶，腺小叶间淡红色的为小叶间结缔组织。

低倍镜观察：可见到腺实质被结缔组织分隔成许多大小不等的腺小叶。每个腺小叶内有很多被切成圆形或椭圆形的腺泡切面。腺泡排列紧密，腺泡间结缔组织很少。

高倍镜观察：

1. 腺泡　由单层腺上皮细胞围成。腺细胞的形态可因分泌周期的不同而有变化，有的呈高柱状，细胞顶部充满分泌物，有的则呈立方形或扁平状。胞核椭圆形或圆形，位于细胞基部。腺泡腔较大，有的含有淡红色的乳汁。腺上皮细胞与基膜之间也有肌上皮细胞。由于切面的不同，有的腺泡间仅见到一些细胞团，缺乏腺泡腔，这是切面通过腺泡壁所致。

2. 导管　小叶内导管管壁由立方上皮围成。小叶间导管的管壁由立方或柱状上皮围成，管腔较大。

（四）非哺乳期乳腺

切片：羊非哺乳期乳腺，HE 染色。

高倍镜观察：与哺乳期乳腺结构相比较，特点如下：①只有少量腺泡和导管，分散在大量的腺间结缔组织中。②腺泡小，腺腔亦小，腺细胞呈立方形，胞核圆形，着色较深。

三、作业

（1）绘制低倍镜观察部分有毛皮肤及毛、皮脂腺及汗腺等组织的结构图。

（2）绘制高倍镜观察部分哺乳期乳腺结构图。

实验十一

内 分 泌 系 统

一、目的与要求

（1）掌握脑垂体、肾上腺、甲状腺的微细结构及其功能的相互关系。
（2）了解甲状旁腺的微细结构。

二、观察切片

（一）脑垂体

切片：羊脑垂体矢状切面，HE 染色 。

肉眼观察：脑垂体切面呈椭圆形，色淡蓝，可见到四周的被膜及一侧向上突起被切断的垂体柄。一侧呈紫红色部分是脑垂体远侧部，另一侧呈淡红色部分为脑垂体的神经部。

低倍镜观察：脑垂体外包结缔组织被膜。移动标本，区分脑垂体的远侧部、中间部和神经部。神经部中央的腔是垂体腔。远侧部与神经部之间的紫色窄带状结构为中间部（图 11－1）。在垂体一端突出的短柄状结构为垂体柄，柄外面着色深的为结节部。换高倍镜观察各部分的微细结构。

高倍镜观察：

1. 远侧部　是构成腺垂体的主要部分，腺细胞排列成团索状，细胞间有丰富的血窦和少量结缔组织。根据腺细胞着色的差异，可区分出三种不同类型的细胞（图 11－2）：

（1）嗜酸性细胞：很容易辨认，数量较多，分散或成堆分布，细胞中等大小，呈圆形、椭圆形或多角形，胞质中含有许多嗜酸性染成红色的颗粒，核圆形、多偏位。

（2）嗜碱性细胞：数量最少，较嗜酸性细胞大，胞质中含有许多嗜碱性的蓝紫色颗粒。核大而圆、着色较浅。

（3）嫌色细胞：数量最多，约占 50%，成群分布，个体较小，胞质弱嗜酸性或不着色，因此细胞界限不清，有时仅见一群胞核。核圆形或多角形，着色浅。

2. 中间部　主要由嗜碱性细胞构成。细胞呈柱状，核椭圆形或圆形，细胞排列成团索状或围成滤泡，滤泡由单层立方上皮围成，有的滤泡腔中可见到胶状物质（图 11－3）。

3. 神经部　移动标本至着色浅的神经部，内有许多纵行排列的染成淡红色的无髓神经纤维和神经胶质细胞（垂体细胞）的细胞核，其间为结缔组织和毛细血管。在有的无髓神经纤维间或其终末部，可见球形或椭圆形、大小不等的嗜酸性团块，即赫令小体（图 11－4）。

（二）肾上腺

切片：羊肾上腺横切面，HE 染色。

肉眼观察：肾上腺横切面呈椭圆形或圆形，外周为浅色的被膜，被膜深层色红的部分是肾上腺皮质，中央浅色部分是肾上腺髓质。

低倍镜观察：移动标本，分辨肾上腺外周的被膜，其深层很厚的皮质和中央的髓质（图 11－5）。

高倍镜观察：

1. 被膜　由致密结缔组织构成。结缔组织伸入实质分布于腺细胞索或细胞团之间，形成间质，内有丰富的血窦。

2. 皮质　根据细胞排列形式，由表及里分为三个带（区）：

（1）多形带：位于被膜深层的窄带，细胞呈柱状，细胞核球形或圆形，较小而染色很深。细胞排列因动物而异，猪的多形带排列成不规则的索，反刍动物排列成团或索，马则排列成弓状（图 11－6）。

（2）束状带：位于多形带的深面，该带很厚，细胞排列成束。细胞呈多边形或立方形，较大，胞质嗜酸性，由于胞质中的脂滴在制片时被溶解而呈空泡状，束与束之间有大量的血窦存在（图 11－7）。

（3）网状带：位于束状带深层，紧靠髓质并与髓质交错分布。该带较薄，细胞索彼此吻合成粗网，网孔中的血窦较大，内含较多的红细胞，故呈鲜红色（图 11－8）。

3. 髓质　位于肾上腺的中央，被皮质包围。髓质细胞体积较大，呈柱状或多边形，胞质嗜碱性，用含铬盐的固定液固定标本，则产生嗜铬反应，胞质中可见许多清亮的黄褐色嗜铬颗粒，含有嗜铬颗粒的髓质细胞称嗜铬细胞。胞核大而圆，着色浅。细胞排列成不规则的索或团，索、团之间可见大的血窦和少量结缔组织。髓质内还有少量交感神经节细胞，胞体较大，散布于髓质内。在髓质中央有腔大壁薄的中央静脉。

（三）甲状腺

切片：羊甲状腺横切面，HE 染色。

低倍镜观察：表面是致密结缔组织被膜，结缔组织伸入腺实质将其分隔成不明显的小叶。小叶内有许多大小不等、圆形或椭圆形的滤泡断面。滤泡壁由单层立方上皮构成，滤泡腔中充满了红色的胶状物质，为碘化的甲状腺球蛋白（图 11－9）。

高倍镜观察：可见滤泡壁的上皮细胞呈立方形或低柱状，细胞界限较清楚，胞质弱嗜酸性，胞核圆形位于细胞中央。有的滤泡由于切面关系，仅见一团密集的上皮细胞而缺滤泡腔。滤泡上皮细胞通常为立方形，形状可随功能状态而改变，分泌功能活跃时细胞呈高柱状，腔内胶状物质很少；而分泌功能低下时，滤泡上皮细胞则变成扁平状，腔内胶状物质变多。

滤泡旁细胞也称 C 细胞，是甲状腺内的另一种内分泌细胞，细胞数量较少，成群存在于疏松结缔组织中或单个散在于滤泡上皮细胞之间，体积较大，呈多边形或卵圆形，胞质染色很淡，故又称亮细胞。核圆形，着色较浅，该细胞具有嗜银性。滤泡间的结缔组织中含有丰富的毛细血管（图 11－10）。

三、示范切片

甲状旁腺 腺体小，包含于甲状腺内，表面被覆有薄层结缔组织的被膜。

切片：羊甲状旁腺横切片，HE 染色。

高倍镜观察：甲状旁腺的实质中可见到两种实质细胞：一种是主细胞，数量多，细胞体积较小，呈多角形，胞核圆形位于中央，着色深，胞质弱嗜酸性，因脂滴被溶解而呈空泡状；另一种是嗜酸性细胞，数量少，细胞较大，胞质中含有许多嗜酸性颗粒，单个或成群地散布于主细胞间。腺细胞排列成团索状，之间还可见丰富的血窦。

四、作业

（1）绘制高倍镜观察脑垂体各部的微细结构图。

（2）绘制高倍镜观察甲状腺滤泡及滤泡旁细胞图。

实验十二

消　化　管

一、目的与要求

（1）观察各段消化管的切片并进行比较，牢固掌握其管壁的基本结构及食管、胃、小肠和大肠的结构特点。

（2）观察各段消化管的组织切片，牢固掌握其管壁的基本结构，观察比较食管、胃、小肠和大肠的组织学结构特点。

二、观察切片

（一）食管

切片：猪食管横切面，HE 染色。

肉眼观察：断面呈扁圆形，中央不规则的狭缝为管腔，周围为管壁。腔面一薄层着红色的部分为上皮，上皮深层染为淡红色，即固有层、黏膜肌层和黏膜下层，外层为深红色的肌层。

低倍镜观察：先找到管腔，可见几条纵行皱襞。移动切片，自腔面向外依次分辨黏膜、黏膜下层、肌层和外膜。

1. 黏膜　管壁的最内层，由内向外分为三层。

（1）上皮：复层扁平上皮，较厚。局部浅层细胞无核，并发生轻度角化，有时亦可见表层细胞离散和脱落的现象（草食动物尤为明显）。

（2）固有层：位于上皮深层，较薄，由疏松结缔组织构成，内有小血管、食管腺的导管和淋巴细胞，偶尔见有孤立淋巴小结。

（3）黏膜肌层：位于固有层的深层，为分散、纵行的平滑肌束或平滑肌纤维。切面上所见为肌纤维横切面，着深红色（不同家畜该层分布情况有差别，如猪的食管前段无黏膜肌层）。

2. 黏膜下层　由疏松结缔组织构成，与固有层无明显分界。该层内有发达的食管腺（黏液腺或混合腺）、孤立淋巴小结以及一些较大的血管。食管腺的导管为复层上皮，腔内有沉积的分泌物。

3. 肌层　为骨骼肌，很厚，着紫红色。肌纤维的走向不规则，大致可分为内环和外纵两层，偶尔也有内斜、外环行，两层之间有少量的结缔组织和血管，偶尔可见肌间神经丛。

4. 外膜　颈段为纤维膜，由疏松结缔组织构成，内有较大的血管；胸腹腔段为浆膜。

(二) 胃

切片：犬胃底或猪胃底横切面，HE 染色。

肉眼观察：标本上颜色深红色的一面为黏膜层，颜色略淡的一面为黏膜下层、肌层和浆膜。

低倍镜观察：从黏膜面向外，分清胃壁的四层结构（图 12－1）。

1. 黏膜

（1）上皮：为单层柱状上皮，核上方的胞质着色淡。上皮向固有层内下陷形成许多小凹窝，即胃小凹，其深度占黏膜厚度的 1/4～1/5。

（2）固有层：很厚，几乎被胃底腺所充满。该腺为分支管状腺或单管状腺，开口于胃小凹的底部。腺体多被切成管状，亦见其圆形和椭圆形断面。腺体间稀疏散在有少量的结缔组织、平滑肌纤维和淋巴组织。

（3）黏膜肌层：很薄，位于固有层下方，由内环、外纵两薄层平滑肌组成。

2. 黏膜下层　为疏松结缔组织，内有较大的血管、淋巴管及黏膜下神经丛。

3. 肌层　很厚，为平滑肌，大致可分为内斜、中环和外纵三层，但有时层次不很明显。肌层之间有肌间神经丛。

4. 浆膜　薄层疏松结缔组织和间皮组成。

高倍镜观察：重点观察黏膜上皮和胃底腺。

1. 上皮　单层柱状，顶部胞质内的黏原颗粒因在制片过程中被溶解，故着色浅，呈透明状。核椭圆形，位于细胞基部。

2. 胃底腺　腺腔狭窄，多不明显。腺体由浅入深可分颈、体和底三部分，注意区分构成腺体的三种主要细胞：

（1）主细胞（胃酶细胞）：主要位于腺体部和腺底部，数量较多。细胞呈柱状，核圆形，位于细胞基部。由于酶原颗粒在制片过程中溶解消失，故顶部胞质着色较淡。基部胞质嗜碱性较强，着蓝紫色（图 12－2）。

（2）壁细胞（盐酸细胞）：腺颈部和腺体部多见。细胞较大，呈圆形或锥体形。核圆、居中，核仁明显。胞质呈较强的嗜酸性，染成鲜红色（图 12－2）。壁细胞体积大，因此观察切片时会感觉其数量多于主细胞，实际上少于主细胞。

（3）颈黏液细胞：数量少，切片上不易与主细胞区分。细胞较小，呈矮柱状或三角形。核扁圆，位于细胞基部。胞质弱嗜碱性，着色较浅。大多数动物的该细胞仅见于颈部，但猪和犬却分布于腺体的各部。

(三) 小肠

切片：犬（或猪、牛、羊）空肠横切面，HE 染色。

肉眼观察：标本分蓝紫色和粉红色两层，前者为黏膜和黏膜下层，后者为肌层和浆膜。

低倍镜观察：腔面有皱襞。移动切片，自腔面向外，依次分清肠壁的 4 层结构。

1. 黏膜　黏膜上皮和固有层向肠腔内突出，形成肠绒毛。绒毛大多被纵切成指状；也有的被横切或斜切为圆形或椭圆形。

（1）上皮：单层柱状上皮，柱状细胞之间夹有散在的杯状细胞。

（2）固有层：结缔组织少，主要被小肠腺所占据，肠腺之间有丰富的毛细血管。小肠腺（单管状腺）呈管状，有的被切为圆形或椭圆形（图 12－3）。结缔组织内淋巴细胞较多。

（3）黏膜肌层：很薄，位于肠腺底部，由内环、外纵两层平滑肌构成，有时镜下分层不明显（图 12－3）。

2. 黏膜下层　较厚，为疏松结缔组织，内有黏膜下神经丛和较大的血管、淋巴管（图 12－3）。

3. 肌层　为平滑肌，内环、外纵两层。内环肌厚，外纵肌薄，两肌层之间有肌间神经丛、血管、淋巴管。

4. 浆膜　很薄，常见局部间皮脱落。

高倍镜观察：重点观察肠绒毛、上皮细胞和小肠腺。

1. 肠绒毛　由表面的单层柱状上皮和中轴的固有层构成。上皮中主要为吸收细胞（柱状细胞），其游离面有一薄层粉红色的结构，即纹状缘。中轴的固有层为结缔组织，内有中央乳糜管、毛细血管和散在纵行的平滑肌纤维。中央乳糜管较难辨认，管壁为内皮，管径不明显（图 12－4）。

2. 吸收细胞（柱状细胞）　高柱状，胞核呈长椭圆形，位于细胞基部。胞质嗜酸性，呈粉红色（图 3－1）。

3. 杯状细胞　较少，散在于柱状上皮细胞之间，呈椭圆形的空泡状。核椭圆，位于基部（图 3－1）。

4. 小肠腺　是由黏膜上皮向固有层内凹陷形成的单管状腺，由较多的柱状细胞和杯状细胞组成。潘氏细胞因动物种类而异，未分化细胞为柱状，位于肠腺底部，与柱状细胞间不易区分，内分泌细胞需经特殊染色才能进行分类。猪、猫和犬的肠腺内无潘氏细胞，在反刍动物和马，潘氏细胞位于腺底部。细胞呈锥体形，顶部胞质内充满嗜酸性颗粒。该细胞用特殊染色方法可清晰显示（图 12－3）。

5. 神经丛　位于黏膜下层及两肌层之间，形态不一。外有结缔组织包裹，其内有神经元胞体、无髓神经纤维和神经胶质细胞。神经元胞体大，核圆或椭圆，着色淡，核仁清晰。神经胶质细胞，核小而深染。不是每张切片均能观察到神经丛。

三、示范切片

1. 十二指肠

切片：犬十二指肠横切片，HE 染色。

低倍镜观察：十二指肠与空肠比较，特点是在黏膜下层的疏松结缔组织中，存在许多黏膜下腺，即十二指肠腺，有的家畜如牛、羊、犬为黏液腺，有的家畜如兔为混合腺，内有浆液性腺泡，也有黏液性腺泡（图 12－4）。

2. 回肠

切片：犬回肠横切片，HE 染色。

低倍镜观察：肠壁具有典型的 4 层结构，其特点如下：

（1）集合淋巴小结：一侧肠壁的黏膜下层内分布有发达的集合淋巴小结，有的淋巴小结隔断黏膜肌层，伸至固有层内。

（2）杯状细胞：较多（对比观察小肠三段黏膜上皮内杯状细胞的数量）。

3. 结肠

切片：犬结肠横切片，HE 染色。

低倍镜观察：

（1）腔面有多个皱襞，黏膜表面有黏液，但无肠绒毛。

（2）固有层内有发达的大肠腺，被切成管状、圆形或椭圆形。

（3）杯状细胞特别多。

4. 反刍动物前胃

切片：牛瘤胃壁切片，HE 染色。

低倍镜观察：

（1）瘤胃的黏膜表面为复层扁平上皮，浅层细胞角化。

（2）固有层内无腺体，其结缔组织与上皮突向胃腔，形成锥状或叶状乳头。

（3）无黏膜肌层。

四、作业

（1）绘制高倍镜观察部分胃底腺区黏膜层的结构图。

（2）绘制高倍镜观察空肠肠壁的结构图。

实验十三

消 化 腺

一、目的与要求

掌握肝和胰腺的基本结构与功能。

二、观察切片

(一) 肝

切片：猪肝，HE 染色。

低倍镜观察：

1. 被膜 由致密结缔组织和间皮构成。

2. 肝小叶 猪的小叶间结缔组织发达，肝小叶轮廓清晰（图 13－1）。肝小叶呈大小不一的多边形，中央有圆形或椭圆形的腔，为中央静脉，周围是放射状排列的条索状结构，染为粉红色，为肝细胞索（肝索）。肝索之间狭窄的间隙为肝血窦。

3. 门管区 位于相邻几个肝小叶之间，疏松结缔组织之间伴行有小叶间动脉、小叶间静脉和小叶间胆管的区域，呈三角形或多角形（图 13－1）。

4. 小叶下静脉 单独行走于小叶间结缔组织内，管腔大而不规则，常沉积有血液。

高倍镜观察：重点观察肝小叶和门管区。

1. 肝小叶

（1）中央静脉：位于肝小叶的中央，壁薄，由内皮和少量结缔组织构成，管壁上有肝血窦的开口，管壁不完整（图 13－2）。因切面的关系，有的肝小叶未能显示出中央静脉。

（2）肝细胞索（肝索）：在中央静脉周围，由单行肝细胞排成索状，以中央静脉为中心，呈放射状排列（图 13－2）。肝细胞呈多边形，胞质嗜酸性。胞核较大，淡染，圆形，位于细胞中央，核仁清楚，偶见双核。

（3）肝血窦：位于肝细胞索之间，形状不规则，在小叶的断面上呈放射状，开口于中央静脉。窦壁由内皮细胞组成，内皮细胞紧贴肝细胞索，胞质很少，核扁而深染。窦腔中可见有血细胞和枯否细胞，后者较大，形态不规则，核卵圆形，染色深，胞质嗜酸性（图 13－2）。

2. 门管区（图 13－3） 因分布位置关系，三种管道在一个门管区内可能会不能同时呈现，且有多个断面出现的情形。

（1）小叶间动脉：管腔小而圆，管壁较厚，内皮外有环行的平滑肌。

（2）小叶间静脉：管壁较薄，管腔大而不规则，内皮外有少量的结缔组织，腔内常有血液。

（3）小叶间胆管：管腔较规则，由单层立方上皮围成，管径与小叶间动脉相近。

（二）胰腺

切片： 豚鼠胰腺，HE染色。

低倍镜观察： 被膜为薄层结缔组织，着粉红色。结缔组织伸入实质形成小叶间结缔组织，将实质分隔成大小不等的胰腺小叶。小叶内有紫红色的腺泡、导管以及着色淡且分布不规则的胰岛。

高倍镜观察： 重点观察腺泡、导管和胰岛（图13-4、图13-5）。

1. 腺泡 由浆液性腺细胞围成，腺腔狭小，有的几乎看不到。腺细胞呈锥体形，核圆，位于细胞基部。顶部胞质内充满细小的、嗜酸性酶原颗粒，着红色；基部胞质嗜碱性，着蓝紫色。腺腔内可见有泡心细胞，呈扁平形，轮廓不明显，核扁圆，着色淡。

2. 导管（图13-5）

（1）闰管：位于腺泡附近，管径很小，管壁为单层扁平上皮。

（2）小叶内导管：位于小叶内，管腔圆形或椭圆形，由单层立方上皮围成。

（3）小叶间导管：位于小叶间结缔组织内，管腔较大，管壁为单层柱状上皮，之间夹有散在的杯状细胞。

3. 胰岛 不规则地散在于腺泡之间，其大小不一，形状不定，染色较淡。胰岛内的细胞多排列成团，之间有丰富的毛细血管。胰岛细胞的轮廓不清晰，核圆形或椭圆形，核仁明显；胞质呈弱嗜酸性，染成淡粉红色。HE染色不能分出几种细胞类型（图13-6）。

三、示范切片

1. 兔肝

切片： 兔肝，HE染色。

低倍镜观察： 小叶间结缔组织少，相邻肝小叶的细胞连为一片，因而小叶界限难以分辨。在判定肝小叶的轮廓时，常以中央静脉为中轴，周围几个门管区的连线做出综合判断。

2. 肝糖原

切片： 小鼠肝，Best's胭脂红法染色。

高倍镜观察： 肝细胞呈多角形，核淡蓝紫色，核仁清晰。肝糖原多聚集于胞质的一侧，着紫红色。

3. 颌下腺

切片： 羊颌下腺，HE染色。

低倍镜观察： 小叶间结缔组织比较发达，将腺实质分隔为许多小叶。小叶内可见少量的浆液性腺泡，大量的混合性腺泡和纹状管。小叶间结缔组织内有小动脉、小静脉和小叶间导管。

高倍镜观察： 混合性腺泡中以黏液性腺细胞居多，几个浆液性腺细胞位于腺泡的一侧，形成浆半月。纹状管的上皮为单层柱状，小叶间导管的上皮为假复层柱状或双层立方上皮（图13-7）。

四、作业

（1）绘制低倍镜观察猪肝小叶及门管区结构图。

（2）绘制高倍镜观察胰岛及周围部分外分泌部的结构图。

实验十四

呼 吸 系 统

一、目的与要求

（1）联系功能，掌握气管的组织结构特点。
（2）联系功能，掌握肺内导气部和呼吸部各段管壁结构的变化规律。

二、观察切片

（一）气管

切片：兔气管横切面，HE染色。

低倍镜观察：区分管壁的三层结构，由内至外依次为黏膜、黏膜下层和外膜，三层之间无明显分界。

高倍镜观察：

1. 黏膜　由上皮和固有层组成。

（1）上皮：为假复层柱状纤毛上皮（图14-1），衬于腔面。纤毛细胞数量多，呈柱状，其游离面有纤毛，核椭圆形，位于细胞的中央。杯状细胞散在于纤毛细胞之间，细胞顶部膨大，呈空泡状。基细胞位于上皮的深层，呈锥体形，核圆形，深染。上皮基部有明显的基膜，着紫红色。

（2）固有层：位于上皮深层，较薄，与黏膜下层分界不明显。此层由较细密的结缔组织构成，其内分布有气管腺的导管、小血管、神经和淋巴组织等。

2. 黏膜下层　位于固有层深层，为着色较浅的疏松结缔组织，内有较大的血管、神经、淋巴组织以及较多的混合腺（气管腺）（图14-1）。

3. 外膜　最厚，由C字形透明软骨环、结缔组织构成。结缔组织内脂肪细胞较多。在软骨环的缺口处，填充有平滑肌纤维和结缔组织（图14-1）。

（二）肺

切片：牛肺，HE染色。

肉眼观察：呈海绵状。

低倍镜观察：肺表面有浆膜为胸膜脏层（肺胸膜）。实质内可见有大小不等、形态不规则的管腔及空泡。根据管腔的大小、管壁的厚薄和管壁的结构，区分小支气管、细支气管、终末细支气管、呼吸性细支气管、肺泡管、肺泡囊等（图14-2、图14-3、图14-4）。

（1）导气部：管腔较大，管壁完整，依据管壁组织结构特点来区分导气部各段。

（2）呼吸部：管腔较小且不规则、管壁薄而有肺泡开口的为呼吸性细支气管。肺泡管和肺泡囊均由肺泡所围成，但前者在相邻肺泡开口处有结节状膨大，而后者无结节状膨大。其余空泡状结构均为肺泡。

（3）小动脉和小静脉。

高倍镜观察：

1. 肺内小支气管　管壁较厚，管腔较大。黏膜表面为假复层柱状纤毛上皮，其中夹有杯状细胞。黏膜下层内可见散在的混合腺，外膜内的软骨片较大且不规则，黏膜和黏膜下层之间分布有散在的平滑肌束（图 14-2）。

2. 细支气管　管壁较薄，管腔较小，黏膜向管腔内突出形成皱襞。黏膜上皮为假复层柱状纤毛上皮或单层柱状纤毛上皮，杯状细胞极少。固有层深部的平滑肌束增多，形成较完整的一层。腺体和软骨片减少或基本消失（图 14-2、图 14-3、图 14-4）。

3. 终末细支气管　由细支气管分支形成，管腔更小，前段固有层深部的平滑肌较多，可见明显皱襞，但后段无皱襞。上皮为单层柱状上皮或单层立方上皮，平滑肌形成完整的一层，杯状细胞、腺体和软骨片完全消失（图 14-3、图 14-4）。

4. 呼吸性细支气管　管壁上有肺泡的开口，因而管壁不完整。上皮为单层柱状上皮或单层立方上皮，在肺泡开口处为单层扁平上皮。上皮深层有少许的结缔组织和散在的平滑肌纤维。

5. 肺泡管　由多个肺泡围成，无完整的管壁。在相邻肺泡开口处，肺泡隔末端平滑肌纤维呈结节状膨大，着粉红色（图 14-3、图 14-4）。

6. 肺泡囊　亦由肺泡围成，但相邻肺泡处无结节状膨大（图 14-2、图 14-3、图 14-4）。

7. 肺泡　大小不等、半球形的薄壁囊泡，开口于呼吸性细支气管、肺泡管或肺泡囊（图 14-2、图 14-3、图 14-4）。肺泡上皮分为Ⅰ型肺泡细胞和Ⅱ型肺泡细胞，Ⅰ型肺泡细胞呈扁平形，核扁而深染；Ⅱ型肺泡细胞立方形，核圆，胞质淡粉色。

8. 肺泡隔　是相邻肺泡之间的薄层结缔组织，内有丰富的毛细血管。血管内皮难以与Ⅰ型肺泡细胞区分，可根据毛细血管内有无血细胞来区别二者。

9. 尘细胞　位于肺泡腔或肺泡隔内。细胞体积较大，形状不规则。核椭圆，多偏于细胞的一侧。

三、作业

（1）绘制低倍镜观察部分气管壁的结构图。

（2）绘制高倍镜观察部分肺泡和肺泡隔的结构图。

实验十五

泌 尿 系 统

一、目的与要求

（1）掌握肾各部分组织结构的组成、特点及相互关系。

（2）了解膀胱在不同功能状态下的结构特点。

二、观察切片

（一）肾

切片：兔肾、猪肾或马肾，HE 染色。

肉眼观察：组织呈深浅不同的两部分，位于周边且呈深紫红色的部分是皮质，位于中央且呈淡红色的部分是髓质。

低倍镜观察：

1. 被膜 被覆在肾的表面，由致密结缔组织构成。

2. 皮质 在被膜下方，可见粗细不等、形状不一的肾小管断面和分布于其间的球形肾小体。皮质主要由皮质迷路和髓放线构成（图 15-1）。

（1）皮质迷路：由肾小体、近曲小管、远曲小管和其间的肾间质构成。肾小体散在分布于肾小管之间，呈圆球形，由血管球和肾小囊构成；近曲小管和远曲小管的断面呈圆形和弓形等形状。肾间质由疏松结缔组织构成，内有毛细血管、小动脉和小静脉的断面。

（2）髓放线：由许多直行的小管平行排列而成，位于皮质迷路之间，包括近直小管、远直小管和集合小管，向外不达皮质表面，向内伸入髓质并参与构成肾锥体。

3. 髓质 主要由直行的肾小管（髓袢）和集合小管构成，可见许多粗细不等的小管断面。

高倍镜观察：

1. 皮质

（1）肾小体：断面呈圆形，由血管球和肾小囊构成，偶见有入球小动脉或出球小动脉出入的血管极或与近曲小管相连的尿极（图 15-2）。

①血管球：可见盘曲成球状的毛细血管断面及许多细胞核，但难以辨认内皮、肾小囊脏层和球内系膜细胞。

②肾小囊：分脏、壁两层。壁层由单层扁平上皮构成；脏层由足细胞构成，紧贴于毛细血管壁，难以辨认。脏、壁两层之间有一囊腔，为肾小囊腔。

（2）致密斑：在肾小体的血管极处，可见一条远曲小管的断面，其靠近肾小体一侧的管壁上皮细胞变高、变窄，排列整齐，细胞核密集，且靠近腔面，该结构即致密斑

（图 15－2）。

（3）肾小管：可见位于皮质迷路内的近曲小管、远曲小管和位于髓放线内的近直小管、远直小管（图 15－2、图 15－3）。

①近曲小管（近端小管曲部）：断面数目较多，管径较粗，管壁较厚，管腔较小，腔面凹凸不平。上皮细胞呈锥体形，细胞界线不清，细胞核圆形，靠近细胞基部，细胞质呈强嗜酸性，在细胞的游离面有刷状缘。

②远曲小管（远端小管曲部）：与近曲小管相比，断面数目较少。管径较小，管壁较薄，管腔较大，由立方上皮构成，细胞界线清楚，细胞质嗜酸性，染色较浅，细胞核圆形，位于细胞中央，腔面无刷状缘。

③近直小管（近端小管直部）：近直小管的上皮细胞比近曲小管的略矮，结构与近曲小管相似。

④远直小管（远端小管直部）：结构与远曲小管相似。

2. 髓质　可见以下结构（图 15－3、图 15－4）：

（1）细段：由单层扁平上皮构成，管径细，管腔小，管壁薄，细胞核呈扁椭圆形，突向管腔。细胞质染色浅，细胞界线不清。要注意与毛细血管的区别。

（2）近直小管与远直小管：与皮质内的结构相似。

（3）集合小管：管径粗细不等，管壁上皮细胞由单层立方移行为单层高柱状，细胞质染色较淡，细胞界线清楚，细胞核圆形，位于细胞中央或靠近基部。

（二）膀胱

切片：兔膀胱（收缩期和舒张期），HE 染色。

肉眼观察：在组织切片上可见厚薄不同的两块组织，分别为膀胱的收缩和扩张状态。

低倍镜观察：膀胱壁由内向外分为三层结构，依次是黏膜、肌层和外膜。黏膜又分为上皮和固有层，并突向管腔形成高低不等的黏膜皱襞（图 15－5）。

高倍镜观察：

1. 黏膜

（1）上皮：为变移上皮，收缩期细胞有 4～7 层，表层细胞较大，细胞核圆形，位于中央，偶见双核；舒张期细胞有 2～3 层，细胞变得扁平（图 15－6 和图 15－7）。

（2）固有层：由细密结缔组织构成。

2. 肌层　较厚，由平滑肌构成，其层次多不规则，可分为内纵、中环、外纵三层。

3. 外膜　在膀胱顶和膀胱体处为浆膜，膀胱颈处为纤维膜。

三、示范切片

1. 肾血管

切片：猪肾，卡红明胶染色。

低倍镜观察：所见红色结构均为肾血管。在皮质、髓质交界处可见较大的横向分布的血管为弓形动、静脉；在皮质内有纵向分布的小血管是小叶间动、静脉；血管球为一团丝球状的毛细血管，可见与入球小动脉和出球小动脉相连（图 15－8）。

2. 输尿管

切片：兔输尿管横切片，HE染色。

低倍镜观察：可见管壁分三层，由内向外依次为黏膜、肌层和外膜（图15－9）。

高倍镜观察：

（1）黏膜：形成许多纵行皱襞突向腔面，上皮为变移上皮，固有层由结缔组织构成（图15－10）。

（2）肌层：由平滑肌构成，可见内纵、外环两层。

（3）外膜：为结缔组织构成的纤维膜。

四、作业

（1）绘制高倍镜观察肾皮质结构图（1个典型的肾小体和周围部分肾小管）。

（2）绘制高倍镜观察肾髓质结构图（集合小管、髓袢细段和粗段）。

实验十六

生 殖 系 统

一、目的与要求

(1) 掌握睾丸的组织结构及精子的形成过程，并能熟练识别各级生精细胞、支持细胞和间质细胞。

(2) 掌握卵巢的组织结构及卵泡的发育和变化过程。

(3) 了解附睾和子宫的组织结构和功能特点。

二、观察切片

(一) 睾丸

切片：兔（或羊）睾丸，HE 染色。

肉眼观察：标本切面呈圆形或椭圆形，紫红色，旁边常可见到一小的突出部分与其相连，为附睾切面。

低倍镜观察：睾丸表面被覆一层浆膜，其下是较厚的致密结缔组织构成的白膜，其浅层含有较多的血管断面，即血管层。浆膜和白膜构成睾丸的被膜，白膜的组织伸入实质形成睾丸纵隔。被膜的深层是睾丸实质，其中有大量横断或斜断的呈圆形、椭圆形或不规则的小管即曲精小管，有的曲精小管由于仅切到管壁而未见管腔。曲精小管之间少量的结缔组织为睾丸间质。在靠近睾丸纵隔处可见到少数直精小管的断面，睾丸纵隔内还有形态不规则的睾丸网断面。

高倍镜观察：

1. 被膜 又可分为表面的浆膜（固有鞘膜）及内面的由致密结缔组织构成的白膜，白膜深面是薄的血管层。

2. 曲精小管 构成曲精小管的上皮是一种特殊的复层生精上皮，上皮外有一层红色的基膜，较明显，基膜周围有一层肌样细胞，核呈梭形，细胞界限不清。从基膜向内观察，可见到下列处于不同发育阶段的生精细胞和支持细胞（图 16-1）。

(1) 生精细胞：根据其发育阶段的不同，又可分为下列五种：

①精原细胞：紧贴基膜的 1～2 层，细胞较小，圆形或椭圆形，胞质着色很淡，胞核圆形或椭圆形，根据核内结构及着色的深浅不同，可分为明型和暗型两种。

②初级精母细胞：位于精原细胞的内侧，由精原细胞分裂而来，常有 1～3 层细胞。细胞体积大，呈圆形。由于正处于细胞分裂状态，故可见到粗线状或密集成团的染色体，着色深，胞质不清。

③次级精母细胞：在初级精母细胞的内侧，细胞体积比前者小，但比近腔面的精子细胞大，圆球形，胞质染色较深，核圆形，染色质呈细粒状。次级精母细胞存在时间短，很快进行第二次成熟分裂，因此在切片上不易找到，需要观察多个曲精小管断面才可看到。

④精子细胞：靠近管腔面，可有数层细胞，细胞体积小，呈圆形，核圆形，核仁和染色质明显。切片上还可见到许多正处于变态过程中的精子细胞。

⑤精子：呈蝌蚪状，头部被染成深蓝色，尾部为淡红色的丝状，成群并以其头部附着于支持细胞顶部或两侧面，尾部朝向管腔。有些曲精小管管腔面未能观察到精子细胞或精子，这是因为曲精小管内精子发生时期不是同步的，每期细胞发育所需时间亦长短不一，因此，曲精小管内生精细胞的排列和组合亦不相同。

（2）支持细胞：又称足细胞、塞托利细胞（Sertoli cell）。数量少，分散在成群的生精细胞之间。细胞呈高柱状或锥状，底部宽大附于基膜上，顶部直达管腔。由于支持细胞的顶部和侧面都镶嵌着生精细胞，所以细胞轮廓不清，但在基部可见到一个大而色浅的细胞核，核形态不规则，呈圆形、椭圆形或三角形，核膜与核仁均很明显。

3. 间质细胞 曲精小管之间是结缔组织构成的睾丸间质，内含丰富的血管和淋巴管；此外，还可见到一种胞体较大、成群分布的睾丸间质细胞。间质细胞呈多角形或圆形，细胞质嗜酸性，染成红色，内含脂滴和色素颗粒。细胞核大，呈圆形或卵圆形，常偏位，异染色质少，着色浅淡（图 16－1）。

4. 直精小管 曲精小管在接近睾丸纵隔处变成短而直的管道，即为直精小管。其管径较小，管壁为单层柱状或立方上皮。

5. 睾丸网 位于睾丸纵隔内，为相互通连、交织成网的管道。管腔大小不等，管壁衬以单层立方上皮或扁平低柱状上皮。

（二）卵巢

切片：兔（或猫）卵巢，HE 染色。

肉眼观察：卵巢切面为圆形或长椭圆形，呈紫红色。上有大小不等的空泡，为不同发育时期的卵泡。

低倍镜观察：卵巢表面有一层扁平或立方形的生殖上皮，上皮下方是致密结缔组织构成的白膜，白膜深面是卵巢的实质，可分为外周的皮质和中央的髓质。皮质由较致密的结缔组织基质和不同发育阶段的卵泡组成。髓质由疏松结缔组织构成，内含丰富的血管、神经和淋巴管，与皮质无明显界限（图 16－2）。

高倍镜观察：皮质中含有下列处于不同发育阶段的卵泡。卵泡呈球状，随发育进程其大小、形状和结构各异（图 16－3）。

1. 原始卵泡 位于白膜下的皮质浅层，数量很多，排列成层或成群。卵泡体积小，由中央的一个初级卵母细胞和周围一层扁平的卵泡细胞组成。卵母细胞核大，呈空泡状，染色质细小分散，核仁明显，胞质内富含卵黄颗粒，染成淡红色（图 16－4、图 16－5）。

2. 初级卵泡 位于原始卵泡的深层，由原始卵泡发育而来，卵泡体积随着发育而逐步增大。在中央初级卵母细胞体积增大的同时，其周围出现均质红色的透明带。卵泡细胞由扁平变成立方或柱状，由单层变成双层乃至多层。卵泡周围的基质逐渐环绕在其外围，形成卵泡膜（图 16－4、图 16－5）。

3. 次级卵泡　由初级卵泡继续发育增大而成。次级卵泡体积更大，起初在多层卵泡细胞之间出现一些小腔隙，以后汇合成一个大的卵泡腔，腔内充满卵泡液。由于卵泡腔的形成和不断扩大，使卵母细胞及其外围的卵泡细胞一起突入卵泡腔，形成一丘状隆起，即卵丘；紧贴卵母细胞和透明带的一层卵泡细胞呈高柱状，排列松散并呈放射状，称放射冠；其余的卵泡细胞沿卵泡腔周围分布，形成密集的颗粒层。若切面未经过中央的卵母细胞，则卵泡内仅见一些卵泡细胞或颗粒层以及卵泡腔。卵泡膜明显地分为内、外两层，内层含较多的细胞和血管，称卵泡内膜；外层纤维成分较多，并与基质相连续，称为卵泡外膜（图 16－2、图 16－4）。

4. 成熟卵泡　卵泡体积达到最大，并逐渐突出于卵巢表面，成熟卵泡存在时间短，很快就会破裂排卵，故切片上一般只能见到近成熟卵泡。

5. 闭锁卵泡　是原始卵泡向成熟卵泡发育过程中退化卵泡的总称。卵泡闭锁可发生于卵泡发育的任何阶段。原始卵泡和初级卵泡退化时，卵母细胞皱缩并蜕变，核固缩，卵泡细胞离散并萎缩，最后被吸收，不留痕迹。较大的卵泡闭锁时，卵母细胞萎缩或消失，透明带皱缩并与周围的卵泡细胞分离，卵泡壁的卵泡细胞离散，卵泡壁塌陷，卵泡液被吸收。同时，卵泡内膜细胞变为多角形，被结缔组织和毛细血管分隔成辐射状排列的细胞索，在啮齿类和肉食类动物，这些细胞会形成间质腺。

三、示范切片

1. 黄体

切片：兔卵巢，HE 染色。

低倍镜观察：卵巢的黄体为圆形或不规则的致密细胞团，外包致密结缔组织被膜，内部由粒性黄体细胞和膜性黄体细胞及丰富的血管构成。粒性黄体细胞由颗粒层细胞分化而来，细胞数量多，较大呈多角形，着色较浅；胞核圆形，染色较深，细胞界线清楚。膜性黄体细胞由卵泡膜内膜细胞分化而来，数量少，细胞体积较小，着色较深，夹在粒性黄体细胞之间或外围部分。两种黄体细胞的胞质内都含有类脂颗粒，因制片时类脂颗粒被溶解而呈空泡状。

2. 子宫

切片：羊子宫，HE 染色。

低倍镜观察：从内向外观察子宫壁结构，可区别出内膜、肌层和外膜三层结构。子宫内膜由上皮和固有层构成，上皮为假复层柱状，有纤毛；固有层厚，内有许多长短不等管状的子宫腺，由上皮下陷而来。肌层很厚，由内环行和外纵行的平滑肌构成。注意两肌层之间是一厚层疏松结缔组织，内含很多较大的血管，即血管层，这是子宫壁结构的特点。血管层内常夹有一些斜行肌。最外层是浆膜。

3. 附睾

切片：兔附睾，HE 染色。

低倍镜观察：注意区分附睾的两种管道，管腔起伏不平，有皱褶的是睾丸输出小管，腔面平整的是附睾管。

高倍镜观察：输出小管的管壁由高柱状纤毛细胞和立方细胞相间排列，因此管腔面起伏不平；附睾管的管径大而规整，管腔内见有许多精子，管壁由假复层柱状纤毛上皮构成，高柱状细胞和矮的基底细胞整齐地排列于基膜上。

四、作业

（1）绘制高倍镜观察曲精小管管壁及其间质结构图。

（2）绘制高倍镜观察卵巢皮质内的各级卵泡结构图。

实验十七

家禽器官结构特点

一、目的与要求

了解家禽腺胃、肺、腔上囊等器官的组织结构特点。

二、观察切片

（一）腺胃

切片：鸡腺胃横切面，HE 染色。

肉眼观察：腺胃壁的内层有一薄的浅蓝色结构是黏膜上皮，其下方有许多不规则的椭圆形小叶是位于黏膜下层的腺胃腺，外侧染成红色的薄层结构是肌层。

低倍镜观察：可见管壁分四层，由内向外依次为黏膜、黏膜下层、肌层和浆膜（图 17－1）。

1. 黏膜 由内向外分别是上皮、固有层和黏膜肌层。

（1）上皮：为单层柱状上皮，可分泌黏液，细胞质呈弱嗜碱性，染色较淡，细胞核位于基部。

（2）固有层：内有许多管状腺和一些淋巴组织。管状腺较短，由黏膜上皮向固有层内凹陷形成，多为单管状腺，亦有少量分支管状腺，管壁衬以单层立方或单层柱状上皮。

（3）黏膜肌层：由薄层纵行平滑肌构成。

2. 黏膜下层 较厚，内有数量较多且体积较大的腺胃腺（前胃腺），在腺体之间的结缔组织内有许多弥散淋巴组织分布，或形成淋巴小结。腺体呈圆形或椭圆形，中央有较大的集合窦，在集合窦的周围有呈辐射状排列的腺小管，相邻多个腺小管共同开口于三级管，数个三级管开口于集合窦，每个集合窦和周边呈放射状分布的腺小管被结缔组织围绕成腺小叶。

由黏膜和黏膜下层共同形成许多皱襞。

3. 肌层 由内纵、中环、外纵三层平滑肌构成，内、外纵肌厚度相似，中环肌较厚。

4. 外膜 为浆膜。

高倍镜观察：前胃腺的腺小管由单层腺细胞构成，腺细胞呈立方形或低柱状，细胞质嗜酸性，细胞核呈圆形或卵圆形，位于细胞基部，相邻腺细胞的近游离端彼此间有小的间隙，致使腺小管的游离面呈锯齿状；相邻的多个腺小管共同开口于一短的三级管，多个三级管开口于集合窦。有的可见集合窦通连大的导管，并穿越黏膜肌、固有层，开口于黏膜表面的乳头。三级管、集合窦和导管均为单层柱状上皮（图 17－2）。

（二）肺

切片：鸡肺，HE 染色。

低倍镜观察：可见以下结构（图 17－3）：

1. 初级支气管 管腔最大，腔面有许多纵行皱襞，黏膜表面为假复层纤毛柱状上皮，初级支气管起始部有透明软骨片。

2. 次级支气管 黏膜表面为单层纤毛柱状上皮，管壁有许多平滑肌环绕。

3. 三级支气管 黏膜表面为单层立方或单层扁平上皮，管壁被许多辐射状排列的肺房所中断，在肺房开口处有较短的肌束环绕。

4. 肺房 呈不规则的囊腔，肺房内壁为不完整的单层扁平上皮，开口于三级支气管，与肺毛细管相通。

5. 肺毛细管 为弯曲而细长的盲管，数量很多，管壁为单层扁平上皮，是实现气体交换的场所。一个三级支气管和周围的肺房及肺毛细管构成肺小叶，其切面呈多边形，相邻肺小叶间可见不完整的小叶间结缔组织。

高倍镜观察：三级支气管的腔面衬以单层扁平上皮，上皮外有平滑肌束的断面；肺房和肺毛细管均衬以单层扁平上皮，在肺间质内有许多毛细血管。

（三）腔上囊

切片：鸡腔上囊横切片，HE 染色。

肉眼观察：在腔面有几个突起为纵行皱襞。

低倍镜观察：管壁由内向外依次为黏膜、黏膜下层、肌层和外膜（图 17－4）。

1. 黏膜 由上皮和固有层构成，无黏膜肌。

（1）上皮：为假复层柱状上皮，局部为单层柱状上皮，其间无杯状细胞。

（2）固有层：由较厚的结缔组织构成，内有许多密集排列的腔上囊小结，其形态呈圆形、卵圆形或不规则形，每个腔上囊小结可分为周边色深的皮质和中央色浅的髓质，在皮、髓质交界处有一层连续的上皮细胞和完整的基膜，其形态呈立方形或低柱状，排列整齐，胞质嗜酸性。常可见到腔上囊小结的髓质与黏膜上皮相连，此处的黏膜上皮为复层，称小结相关上皮。

2. 黏膜下层 较薄，由疏松结缔组织构成，参与形成黏膜皱襞。

3. 肌层 可见内纵、外环两薄层平滑肌。

4. 外膜 为浆膜。

高倍镜观察：腔上囊小结的髓质由上皮性网状细胞、大中淋巴细胞和巨噬细胞构成，内无毛细血管；皮质由密集的中小淋巴细胞、巨噬细胞和上皮性网状细胞构成，内有毛细血管（图 17－5）。

三、作业

绘制低倍镜观察腔上囊黏膜结构图。

实验十八

生殖细胞与受精

一、目的与要求

（1）观察哺乳动物精液涂片、猫成熟卵泡中的卵母细胞和家禽卵，掌握两性生殖细胞的形态和结构。

（2）通过挂图、幻灯片和多媒体教学片，了解哺乳动物的受精过程。

二、观察内容和步骤

（一）生殖细胞的形态和结构

1. 精子

涂片：猪精液涂片，铁苏木精染色。

低倍镜观察：可见到大量呈蝌蚪状的精子。选择精子密度适中的部位，用高倍镜或油镜观察（图 18－1）。

高倍镜观察：

（1）头部：呈扁卵圆形，几乎全部为细胞核所占据，前端的薄层淡染区为帽，即顶体；后部是结构致密的细胞核。

（2）颈部：是头部后方一短而狭小部分，发出轴丝伸向尾部，光镜下不易分辨清楚。

（3）尾部：细而长，呈蓝色，中贯轴丝，可分为中、主、末三段，但在光镜下无法分辨清楚。

2. 哺乳动物卵子

切片：猫或兔卵巢，HE 染色。

低倍镜观察：找到卵巢中的成熟卵泡，转高倍镜观察其中央的卵母细胞。

高倍镜观察：卵母细胞大而圆，通常处于次级卵母细胞第二次成熟分裂中期。细胞核圆形，染色质少，核仁明显；胞质弱嗜酸性、呈细颗粒状；卵细胞膜（卵黄膜）薄，不易分辨。围绕卵母细胞周围，有一层较厚并呈粉红色的透明带。在透明带外周，有高柱状的卵泡细胞，胞核椭圆形、染色深，细胞呈放射状排列，即放射冠（图 18－2）。

3. 禽卵

肉眼观察：取煮熟的鸡蛋（或鸭蛋）一枚，用镊子敲破钝端气室部位的卵壳，按顺序剥离蛋壳、壳膜和蛋白。剥离蛋白后见到的卵黄即卵细胞。卵细胞表面有一层极薄的卵黄膜，内含大量卵黄颗粒。在卵黄一端，表面可见到一白色圆盘状结构。如果是未受精的卵，圆盘体积较小称胚珠，内有卵细胞核和少量细胞质；如果是已受精的卵，圆盘较大称胚盘，它已处于胚胎发育的原肠胚期。切开卵黄，可见中央是由白卵黄组成的芯，外包若干层相间排列的黄卵黄和白卵黄。

（二）哺乳动物的受精过程

通过观看多媒体胚胎学教学片或幻灯片、挂图，学习和掌握受精过程。从形态上而言，受精过程可分四步进行：

（1）已获能并进行顶体反应后的精子，游向卵细胞，释放透明质酸酶，溶解卵细胞周围的放射冠，使卵泡细胞分散。精子即经由分散的卵泡细胞间隙，穿过放射冠而与透明带接触。

（2）精子顶体释放蛋白酶，水解接触部位的局部透明带，形成微孔。精子即沿着微孔穿过透明带而与卵细胞膜接触。当第一个精子穿过透明带与卵细胞膜接触时，精子与卵子即发生互相识别过程，同种动物的精子方可融合受精，并引发透明带反应和卵黄膜反应，出现明显的卵周隙，以确保单精受精。

（3）精子的细胞膜与卵细胞膜发生融合，精子入卵。与此同时，处于第二次成熟分裂中期的次级卵母细胞，完成第二次成熟分裂，排出第二极体。这时的卵细胞核改称卵原核。精子入卵后旋转 180°，精子颈部的中心体置于两细胞核之间，精子核膨大改称精原核。

（4）双亲遗传物质的组合。此期，两原核彼此靠近，核膜同时消失，两组染色体散在于细胞质内，混合、重组并排列于纺锤体中部。受精至此结束，合子进入卵裂期。

三、作业

绘制高倍镜观察精子结构图。

实验十九

家禽早期胚胎发育和胚膜

一、目的与要求

（1）通过观看胚胎学多媒体教学片或幻灯片、挂图、模型，掌握家禽早期胚胎发育的主要过程和特点。

（2）了解禽类胚膜的形成和构造。

二、观察内容与步骤

（一）观看鸡胚胎学多媒体教学片

（二）观察鸡早期胚胎发育模型

家禽早期胚胎发育，经过卵裂期、囊胚期、原肠期、胚层分化及中轴器官形成等主要阶段。与家畜早期胚胎发育相比，由于禽类是端黄卵，卵裂的部位、方式、囊胚和原肠胚形成等均有差异。本实验着重了解家禽早期胚胎发育的过程和各期的形态学特点。

1. 卵裂　卵裂仅在胚珠处进行，其深部的卵黄并不参与分裂，这种卵裂方式即盘状卵裂。卵裂结果形成圆盘状的胚盘。

2. 囊胚　随着胚胎发育，胚盘中部的卵裂完整，其深部出现囊胚腔，腔内有液体而较透明，称为明区。胚盘周围由于卵裂不完整而与卵黄相贴，比较暗淡，故称暗区。暗区不断与卵黄分离并加入明区，明区亦随之扩大。明区将发育分化为胚体和大部分胚膜。

3. 原肠胚、胚层形成及分化　随着囊胚的继续发育，胚盘明区表层细胞集中增厚，形成胚盾。胚盾的一部分细胞下沉与胚盘前端深层分离出来的零散细胞共同形成内胚层。内胚层向下包围卵黄形成原肠。胚盘中央表面的细胞形成外胚层。此时的胚胎即原肠胚。胚胎继续发育，在明区中央的一端中线上的外胚层细胞增殖形成原条，并诱导中胚层和脊索形成。随后，在脊索的诱导下，各胚层分化形成中轴器官等。

4. 孵化第3天后的鸡胚发育模型　在卵黄表面的羊膜腔内已明显见到胚体雏形和卵黄上的血管。第5天胚体进一步分化出头、颈、前肢芽、后肢芽和尾芽等，眼睛大而明显，喙亦清晰可见，胚体腹侧的血管很明显。第7天，头部很大，背侧脑泡清楚，胚体增大，各部分分化更明显，羊膜腔增大，尿囊增大，上面布满血管。卵黄囊逐渐缩小，血管开始退化。第10天以后，随着胚体增大，卵黄囊更小。至孵化第19～20天，卵黄囊连同剩余的卵黄，经脐部收进腹内。第20～21天，鸡胚发育成熟出壳。

（三）观察鸡胚装片

1. 孵化 16～18h 的鸡胚整装片 肉眼和低倍镜下观察，切片上呈椭圆形的红色区为胚盘，其中央色浅的为明区，边缘色深的即暗区。在明区中央呈深红色的细长条状结构即原条，其中央的浅沟为原沟，沟两侧深红色的隆起为原褶，原条前端膨大处即原结和原窝（图 19－1）。

2. 孵化 16～18h 鸡胚横切片 观察原条及中胚层形成，切片上有几排淡蓝色的细线样结构，即为鸡胚过原条部位的连续横切面。

低倍镜观察，找到鸡胚过原条的横切面。选择其中一个清晰的切面，转换高倍镜观察。

高倍镜观察，可见原条位于胚盘中央，为深蓝色密集的细胞团，其中央稍凹陷处为原沟。沟的两侧与外胚层连接。原沟深面呈细线状的薄细胞层即内胚层。从原条两侧向内、外胚层之间分出的细胞索即中胚层。

3. 孵化 24h 鸡胚整装片（6 体节期鸡胚整装片）

肉眼观察，切片上呈长椭圆形淡红色区域为胚盘。中央深红色的条索状结构是鸡胚体。

低倍镜下从前向后观察下列结构（图 19－2）：

（1）前羊膜：位于胚胎最前方，呈透明的半月形。

（2）头褶：位于前羊膜的紧后方。

（3）前肠和前肠门：前肠位于头褶后方。前肠门为前肠和中肠的分界处，呈半月形，随着胚体发育，前肠门不断向后方推进，前肠随之延长。

（4）神经管、神经沟和神经褶：胚体前端的神经沟已愈合为神经管，中、后部仍可见到中央淡染的神经沟和两侧深红色的神经褶。

（5）体节：左、右对称排列于神经沟和脊索两侧，呈深红色密集的细胞团，切片中可见到 4～5 对体节。

原条虽已缩至很短，但在胚体后部仍可观察到。此外，切片中还见到明区已分化出胚内区和胚外区，暗区则分化为血管区（血岛）和卵黄区。从同期鸡胚通过体节的横切面图，可以清晰地看到三胚层分化为中轴器官的情况。

4. 孵化 48h 鸡胚整装片（22 体节期鸡胚整装片）

胚体长度达 9～12mm，已产生颈曲和背曲；脑已分化出前脑、中脑、后脑三部分；体节已增加到 18～23 对；视、听囊出现，心脏开始搏动；胚盘血管已经形成并与体内建立联系（图 19－3）。

5. 孵化 72h 鸡胚整装片（33 体节鸡胚整装片）

脑已经清楚地分为 5 个部分，前后肢芽出现，鳃弓 5 对，尿囊出现。

（四）观察鸡胚胚膜

取孵化第 6～8 天的鸡胚，用镊子在钝端轻轻敲破蛋壳，除去蛋壳碎片，将创口扩大到直径 0.5cm。挑破卵壳膜，将鸡胚轻轻倒入平皿中，观察各种胚膜。

1. 羊膜 直接包围在胚体的外面，呈透明的囊状，内有羊水，胎儿浮在羊水中。

2. 尿囊 位于胚胎腹侧面后端，呈透明梨状囊，尿囊膜上见有大量血管，尿囊内有尿囊液。

3. 卵黄囊　包裹在卵黄表面，体积较大，内表面有许多皱褶和血管，它随尿囊的发育而逐渐退化缩小。

4. 浆膜　位于卵壳膜深面，包在整个胚膜的外表面。注意将胚胎倒入培养皿时，浆膜往往遗留在蛋壳内。

三、作业

绘制孵化 24h 鸡胚整装片图。

实验二十

哺乳动物早期胚胎发育及胎膜、胎盘的结构

一、目的与要求

（1）通过观察猪胚胎早期发育模型，观看多媒体教学片，掌握哺乳动物早期胚胎发育的基本过程及其形态上的变化。

（2）观察猪胚矢状切面，了解其发育过程及各器官发生位置。

（3）通过观看多媒体教学片、幻灯片、挂图和观察浸泡标本，了解哺乳动物四种胎膜和胎盘的形态及构造。

二、观察内容和步骤

（一）观看哺乳动物胚胎早期发育多媒体教学片

（二）观察猪胚胎早期发育模型

1. 受精卵（合子） 卵从受精到合子开始分裂为合子时期。合子除本身的卵黄膜（第一卵膜）外，还有透明带（第二卵膜）包裹。

2. 卵裂 受精卵在透明带内进行分裂称卵裂。哺乳动物的卵裂是不等、异时、全裂。卵裂球细胞数目增多，仍在透明带内分裂。第一次卵裂产生的两个细胞，在大小、颜色、分裂速度和发育方向等方面均有不同，一般认为，色暗的大细胞分裂慢，形成内细胞团，而色浅的小细胞分裂快，形成滋养层。卵裂结束时形成实心的桑葚胚（图 20-1）。

3. 囊胚与胚泡 桑葚胚进入子宫腔，卵裂球之间出现腔隙，即为囊胚，其中央的腔隙称囊胚腔，位于顶部的细胞团称内细胞团（或胚结），周边的扁平细胞称滋养层。随后透明带消失，胚胎迅速增大成胚泡，囊胚腔即改称胚泡腔。胚泡埋入子宫内膜的过程称为植入。滋养层细胞伸出绒毛嵌入子宫内膜，与母体建立营养、代谢关系，并使胚胎附植于子宫腔内而生长发育。

4. 原肠胚 随着胚胎的发育，胚胎上面的滋养层细胞退化，胚结裸露呈盘状，即胚盘。胚结靠近胚泡腔的细胞，以分层移动的方式，沿胚泡壁形成一个新细胞层，由该细胞层围成的腔，即原肠腔。于是便出现具有两个胚层的胚体，即原肠胚。原肠腔的表层细胞为外胚层，里层细胞为内胚层。

5. 中胚层形成 原条两侧的胚盘表层细胞向原条集中，并向原沟卷入，在内外胚层之间，向头端、左右两侧扩展，形成中胚层；同时，原结处的细胞由原窝向下向前迁入到内外

胚层之间，形成脊索。

6. 三胚层分化

（1）外胚层的分化：脊索形成后，其上部的外胚层细胞增多加厚，形成神经板，其中央凹陷形成神经沟。随后，沟两侧愈合形成神经管。最后分化形成脑脊髓等，其余外胚层分化为表皮及其衍生物。

（2）内胚层的分化：胚盘内的内胚层分化为前、中、后肠，而胚盘外的内胚层则形成卵黄囊。其中，中肠仍与卵黄囊相连。

（3）中胚层的分化：中胚层分化为上、中、下三段。上段中胚层位于脊索两侧，在其诱导下形成体节，由它分化为脊柱骨骼、肌肉和皮肤的真皮等。中段中胚层分化为泌尿、生殖系统。下段中胚层分为靠近外胚层的体壁中胚层，和靠近内胚层的脏壁中胚层，其间的腔为体腔，在胚盘内的为胚内体腔，分化为胸腔、腹腔和心包腔；在胚盘外的为胚外体腔，为尿囊所占。一部分离散的中胚层细胞，分布于内、中、外胚层之间形成间充质，为结缔组织原基。

随着胚盘内的三胚层分别形成神经管、体节、消化管等中轴器官，因为各胚层分化、发育不平衡以及细胞内移等原因，平板状的胚胎即逐渐卷曲成圆筒状的胚体。

（三）观察示范切片

10mm 猪胚矢状切面，HE 染色 。

低倍镜下观察猪胚矢状切面，头部有膨大的脑泡，尾、背（凸面）和腹（凹面），然后观察下列主要结构：

1. 神经系统　观察胚胎的背侧，由前向后依次为端脑、间脑、中脑、后脑和末脑，末脑后部为脊髓。

2. 消化和呼吸器官　口腔位于脑的腹侧，内有明显的舌，其后方是咽，咽后接细长的食管、胃及肠袢的局部。咽的基部分出喉和一条细长的气管，其末端有肺芽。气管与食管相伴行。肝较大，胰腺在胃的附近。

3. 循环器官　心脏位于舌的腹侧，体积很大，心包腔和心房、心室都较明显。

4. 泌尿生殖器官　泌尿器官因位于身体两侧，故正中矢状面不能见到。此时的泌尿器官是中肾，体积较大。生殖嵴位于中肾内侧。

5. 卵黄囊和尿囊柄　位于胚胎的腹面，体积较小。

（四）观察哺乳动物几种胎膜和脐带

主要观察胚胎早期发育模型及浸制标本。

1. 胎膜　哺乳动物胎膜包括绒毛膜、羊膜、尿囊和卵黄囊。胚盘或胚体周围的胚外外胚层（即原滋养层）和胚外体壁中胚层，当胚体向卵黄囊下沉时，共同向背侧折叠的羊膜褶，该褶从头褶开始，接着出现尾褶、胚体两侧的侧褶，最后三褶在胚体尾端背侧汇合形成两种胎膜，包绕在胎儿外周的为羊膜，包在胚胎外面并与子宫接触的称绒毛膜。羊膜和绒毛膜都由胚外外胚层和胚外体壁中胚层构成。羊膜内层是胚外外胚层，外层是胚外体壁中胚层，而绒毛膜则相反。尿囊位于胚体腹侧，是由后肠向胚外体腔伸出的囊状结构，在家畜，一般都很发达，并与绒毛膜结合，形成尿囊绒毛膜胎盘。卵黄囊亦在胚胎腹侧，是由内胚层形成的囊状结构，即卵黄囊与胚体内原始肠管相通。它与尿囊有互相消长的关系。卵黄囊壁和尿囊壁都由胚外内胚层（内）和胚外脏壁中胚层（外）构成。

2. 几种胎膜和脐带的浸制标本

（1）绒毛膜：胎膜最外层，牛、羊绒毛膜上的绒毛群集成小叶，小叶间的绒毛膜是光滑的。猪和马绒毛膜上的绒毛呈均匀分布。兔绒毛膜上的绒毛则集中于脐部周围。犬和猫绒毛膜上的绒毛环绕着胎儿腰部分布。

（2）羊膜：直接包在胎儿外周，是光滑、薄而透明的膜，内有羊水，胎儿浮在羊水中（图 20－2）。

（3）尿囊：位于羊膜与绒毛膜之间的胚外体腔中，并与绒毛膜相贴，表面有许多血管，囊内有尿囊液。

（4）卵黄囊：位于胚胎腹侧，胚胎发育早期体积大，随尿囊发育而退化萎缩，以卵黄柄残留于脐带中。

（5）脐带：观察羊胚胎浸制标本，在胎儿腹部有一条长 40～50cm 的索状结构，即脐带。它连接在胎膜和胎儿脐部之间。从脐带的纵剖面中，可见脐带外包羊膜和胶冻样的黏液结缔组织，内有两条较细的脐动脉和一条较粗的脐静脉（图 20－2）。

（五）观察哺乳动物胎盘

主要观察四种类型胎盘的浸制标本。

1. 上皮绒毛膜胎盘 猪和马的标本中，可见绒毛膜上的绒毛多而均匀分布，绒毛与子宫内膜的子宫腺等嵌合。母、子胎盘间关系不密切。

2. 结缔绒毛膜胎盘 牛、羊胎盘可见绒毛膜上有许多丛状的绒毛小叶，与对应的子宫内膜上的子宫肉阜相嵌合。嵌合处部分子宫内膜上皮被溶解，使绒毛直接与子宫内膜的结缔组织接触。因此母、子胎盘关系较前者密切。

3. 内皮绒毛膜胎盘 猫、犬的胎盘呈环状，包绕胎儿腰部。绒毛膜上的绒毛仅分布于胎儿腰部的绒毛膜上。绒毛膜上的绒毛破坏子宫内膜上皮，与固有层结缔组织血管的内皮接触。母、子胎盘关系密切。

4. 血液绒毛膜胎盘 灵长类和兔的胎盘呈圆盘状，绒毛膜上的绒毛集中于该盘状区。绒毛膜上的绒毛破坏了子宫内膜上皮及血管内皮，而浸于血窦中。母、子胎盘关系最密切。

附　　录

一、石蜡切片制备方法

石蜡切片技术是研究组织学、胚胎学和病理学等学科最基本的方法。制备步骤是：从动物体取下小块组织，经固定、脱水、浸蜡、包埋和切片等处理，把要观察的组织或器官切成薄片，再经不同的染色方法，以显示组织的不同成分和细胞的形态，达到既易于观察、鉴别，又便于保存，是教学和科研常用的方法。其具体步骤如下：

1. 取材　取材应选择健康动物，放血或其他方法致死，立即从胸、腹正中线剖开胸、腹腔，分别剪取所需部位的器官组织，投入固定液中固定。

2. 固定　固定的目的在于借助固定液中的化学成分，使组织、细胞内的蛋白质、脂肪、糖和酶等各种成分沉淀或凝固而保存下来，使其保持生活状态时的形态结构。取材的大小，一般以不超过 $5mm^3$ 为宜。柔软组织不易切成小块，可先取较大的组织块，固定数小时后再分割成小块组织继续固定。取材时要注意保持器官的完整性。小器官如淋巴结、肾上腺、垂体等要整体固定，睾丸亦需整体固定后再分割成小块。

固定液的种类很多，有单一固定液和混合固定液之分。实验室常用的单一固定液是：5%或10%甲醛固定液（取市售37%～40%甲醛溶液5mL或10mL，加蒸馏水95mL或90mL）；混合固定液如Bouin固定液（配方：苦味酸饱和水溶液75mL，甲醛溶液20mL，冰醋酸5mL，临用时将三液混合而成）。

此外，乙醇、重铬酸钾也是制作切片常用的固定剂。

3. 修组织块　新鲜组织柔软，不易切成规整的块状。组织固定后因蛋白质凝固产生一定硬度，即可用单面刀片把组织块修整成所需要的大小。

4. 冲洗　目的在于把组织内的固定液除去，否则残留的固定液会妨碍染色，或产生沉淀，影响观察。甲醛固定的材料，常用自来水冲洗，若同时冲洗多种组织块，则可分别包于纱布内，同时标记清楚，以免混淆。冲洗时间与固定时间相同。Bouin液固定的材料，用70%乙醇冲洗，可在乙醇中加入几滴氨水或碳酸锂饱和水溶液，以除去苦味酸的黄色。

5. 脱水　脱水的目的在于用乙醇（脱水剂）完全除去组织内水分。实验室常从70%乙醇开始脱水，80%、90%、95%至无水乙醇逐级更换，最后完全把组织中水分置换出来。脱水必须在有盖瓶内进行，高浓度乙醇很容易吸收空气中的水分，应定期更换。每级乙醇脱水时间约3h，但高浓度乙醇，尤其是无水乙醇易使组织变脆，故应控制在2h左右（即经两次无水乙醇，每次各1h）。

6. 透明　由于乙醇与石蜡不能相溶，故在浸蜡前要对组织块中的乙醇进行置换，使组织中的乙醇被透明剂所替代，才能浸蜡包埋。所用的透明剂要求能与乙醇和石蜡相溶，并能增强组织块的折光系数，使透明后的组织呈半透明状。常用的透明剂有二甲苯、苯、氯仿等。二甲苯透明力强，作用快，对组织收缩大，导致组织变硬变脆，所以组织块不能在内停留过久，一般先将组织块放于无水乙醇与透明剂（1∶1）的混合液内10～30min，再移入透明剂Ⅰ、Ⅱ中各15min。

7. 浸蜡 浸蜡的目的在于除去组织中的二甲苯而代以石蜡。石蜡作为一种支持剂浸入组织内部，凝固后使组织变硬，便于切成薄片。浸蜡需在温箱内进行，先将市售石蜡（熔点54～56℃）放入56～58℃温箱内熔化，再把透明好的组织块投入熔化的蜡中，经4～6次更换石蜡，每次30min，总浸蜡时间为2～3h，便可完全置换出组织内的二甲苯。注意浸蜡时间不宜过长，石蜡温度不可过高，否则会使组织变脆，难以切成薄片。

8. 包埋 是把浸好蜡的组织块转入石蜡中，使其冷却凝固形成包有组织的蜡块。

包埋前准备：包埋用石蜡（其温度应比浸蜡用的石蜡温度稍高，冬季尤应如此）、数个包埋器（一般多用金属包埋框）、小镊子、一盆冷水、酒精灯和火柴等。

方法：先从温箱取出包埋用石蜡倒入包埋盒中，再用温热镊子把浸好蜡的组织块迅速移入包埋盒中（切忌组织块暴露于空气中时间过长，否则组织表面的蜡凝固而影响切片），用镊子放置好切面（切面朝下）和组织块间的距离，最后向蜡面吹气，待蜡面形成一层薄膜时，两手端平包埋框，迅速浸入水中，待其完全凝固成均匀的半透明状后取出待用。或用包埋机进行包埋。

9. 修蜡块 把包有组织块的长条蜡块，用单面刀片分割成以组织块为中心的正方形或长方形，然后在蜡块底面（即切面）修成以组织块为中心、组织块边距为2mm、高3～5mm的正方形或长方形蜡块。蜡块相对的两个边必须平行，否则切片蜡带将不规整；室温过低或石蜡过硬，蜡带易断，室温高蜡过软，切片不易操作；刀口太钝或不清洁，刀的角度太大或石蜡过硬，蜡片均会卷起。

10. 切片 石蜡切片常用的是手摇切片机。把修整齐的蜡块先固着于木块上，或直接固定在金属台座上，再把磨锋利的切片刀固定于刀架上，切片刀与蜡块切面间的倾角以5℃为宜，角度太小或太大，均不能切成薄片。最后把调整刻度指针定在所需求的厚度上，一般组织器官切片厚度为5～7μm。松开转轮固定器，移动刀架，使刀口接近蜡块，即可进行连续切片。

11. 展片与贴片 把从切片机上取下的蜡带，用单面刀片将连续的蜡带分成一个个蜡片，在涂有甘油蛋白的载玻片上，滴入1～2滴蒸馏水，用昆虫针、大头针或小镊子提取蜡片，置于载玻片的水面上，然后在酒精灯上稍加热（或放在展片台上加热，亦可把蜡片直接置于40～45℃水中展片）。待蜡片的皱褶完全展平时（勿使蜡片溶解），倾斜载玻片除去多余的水分（或用载玻片捞取水中蜡片），并放入40℃烘箱内烘干待用。

12. 染色 先把染料配成水溶液或醇溶液，后把烘干经脱蜡后的切片浸于其中，其目的在于使组织或细胞的不同结构着色各异，产生明显的对比度，便于在光学显微镜下进行观察。教学和科研最常用的染色方法之一是苏木精—伊红（HE）染色法。

（1）染色前准备工作：

① 配制Delafield's苏木精染色液：取苏木精4g，无水乙醇25mL，铵矾（硫酸铝铵）40g，蒸馏水400mL。配制时先把苏木精溶于无水乙醇，铵矾溶于蒸馏水（加热使之完全溶化）。冷却后将两液混合装入瓶中，瓶口包以双层纱布，静置于阳光下或窗前阳光处数天，使苏木精充分氧化；过滤，在滤液中加入甲醇和甘油各100mL，摇匀再放数日，1～2月成

熟，过滤后能长久保存。

②配制伊红（曙红）染色液：实验室一般常用的伊红溶液为伊红 1g，溶于 99mL 95％乙醇或溶于 100mL 蒸馏水中。

③配制 90％、80％、70％乙醇及酸乙醇：分别取 95％乙醇 90mL、80mL 和 70mL，分别加入 5mL、15mL 及 25mL 蒸馏水即成。酸乙醇则在 70％乙醇中加入几滴浓盐酸即成。

④切片的染色前处理：烘干的切片在二甲苯中溶蜡，在各级浓度乙醇中逐步复水，方可染色。

方法：切片经二甲苯Ⅰ、Ⅱ（各 5～10 min）脱蜡 → 无水乙醇Ⅰ、Ⅱ（各 2～5 min）→ 95％、80％、70％乙醇（各 2～5min）→ 蒸馏水洗去酒精，待染色。

（2）苏木精染色：将复水后的切片置于 Delafield's 苏木精原液中，染 10～20 min（染 5～10 min 后可取样镜检，胞核着深紫红色，清晰可见即可）→ 自来水洗去残留染料 5～10min → 蒸馏水洗 2min→ 1％盐酸酒精分色 3～30s（严格控制时间，否则将导致完全脱色，分色后的切片为淡紫红色）→ 自来水蓝化（30 min 至数小时，切片从淡紫红色转变为鲜艳的蓝色即可）→ 蒸馏水洗 2min，待染伊红。

（3）伊红染色：从蒸馏水中取出切片，置于 70％、80％、90％、95％乙醇中逐级脱水各 2～5 min→ 伊红酒精染色液染色 1～5min（有时当伊红不易染色时，可在伊红染色液中滴加几滴冰醋酸，以增强其染色力）→ 95％乙醇Ⅰ、Ⅱ数秒至 1 min，除去残留染料及分色→无水乙醇Ⅰ、Ⅱ各 2～5min→二甲苯Ⅰ、Ⅱ透明各 2～5min。（其他染色法，如镀银法、铁苏木精染色、Best 卡红染色等染色法，与 HE 染色相似，可参照其他组织学书籍）

13. 封片　从二甲苯Ⅱ中逐个取出载玻片，分辨出正面（有组织一面）和底面，然后向组织切片上滴加 1～2 滴树胶（封片剂）。用镊子夹取一干净盖玻片，倾斜地盖在树胶上即可（注意防止气泡侵入组织内）。然后平放于木盒内，烘干或自然干燥即可镜下观察。

二、血涂片制作方法

1. 准备　玻片经肥皂或洗衣粉水中洗净，后用自来水反复冲洗，置于 95％乙醇中浸泡 1h，擦干或烘干备用。配瑞氏染液、磷酸盐缓冲液或蒸馏水。

2. 采血　大动物颈静脉采血，小动物心脏采血，先在干净的试管内加入 3.8％枸橼酸钠溶液 2mL 后采血样 18mL，摇匀待用。亦可用针刺滴血。

3. 推片　取血 1 滴于玻片右侧，另取一光边玻片的一端，放在血滴左缘，并逐渐后移接触血滴，血液立即沿推片散开，然后将推片与载片保持 30°～40°角，平稳地向前推动，至玻片另一端，载玻片上便留下一层血膜。良好的血膜像舌头，头、体、尾鲜明，厚薄适宜，分布均匀，边缘整齐，两侧留有空隙。

4. 染色　常用瑞特（Wright）染色。

（1）血涂片制成后需待干燥后方可染色。

（2）在血膜上滴加几滴瑞氏染色液，左右晃动，使染液完全覆盖血膜。

（3）静置 1～2min 后，滴加等量磷酸盐缓冲液或蒸馏水，2～3min 后可见表面有金属光泽，即可用清水轻轻冲去染液，待血片自然干燥或用滤纸吸干。在正常的情况下，血膜外观染成粉红色。

（4）镜检：先在低倍镜下检查血片，看染色是否合格，血细胞分布是否均匀等，然后换高倍镜或油镜逐步进行观察。

（5）染色结果：在显微镜下红细胞呈粉红色，白细胞胞质能显示出各种细胞特有的嗜酸碱性和结构，细胞核呈紫蓝色，染色质清楚，粗细可辨。

5. 瑞氏染色液的配制 将 Wright 染料 0.1g 放在研钵内研磨，磨细后将甲醇 50～60ml 逐渐加入研钵内，边加边研磨，直至染料全部溶解，然后装入棕色小口瓶，一周后可用。

6. 磷酸缓冲液配制 甲液：KH_2PO_4 9.078g 溶于 1 000mL 蒸馏水中；乙液：$Na_2HPO_4 \cdot 2H_2O$ 11.876g 溶于 1 000mL 蒸馏水中，临用时取甲液 4 份与乙液 6 份混合，再加 10～20 倍蒸馏水，即成 pH 6.9 的缓冲液。

三、冰冻切片制备方法

冰冻切片（frozen section）是一种在低温条件下使组织快速冷却到一定硬度，然后进行切片的方法。冰冻切片的种类较多，有低温恒冷箱冰冻切片法、二氧化碳冰冻切片法、甲醇循环制冷冰冻切片法等，目前低温恒冷箱冰冻切片法正受到青睐。冰冻切片的制作过程较石蜡切片快捷、简便，多应用于手术中的快速病理诊断，对手术治疗有重大帮助和指导意义。然而，快速冰冻切片要在如此之短的时间内做出诊断，难度相当高，取材有局限性，制作切片的质量也不如常规石蜡切片高。因此，冰冻切片的确诊率比常规切片低，有一定的延迟诊断率和误诊率。目前，冰冻切片诊断尚不能广泛应用，即使选择性应用，事后仍需用常规石蜡切片对照和存档。下面以低温恒冷箱冰冻切片法为例介绍其具体方法。

（一）低温恒冷箱冷冻切机

以 Shandon As 620 E 型恒温箱冷冻切片机为例，该机的箱面上有电子控制板，装有即时冷冻键和除霜键。启动即时冷冻键，机器马上进行工作状态，并可持续 10min；启动即时除霜键，可将工作间顶部后面的制冷栅上的霜除掉，并可持续 15min。有照明键一个，启动该键可照明工作间，有利于工作及观察组织的冰冻状况。配有消毒键一个，当进行 1 周的工作或者一天的工作后，启动该键，可对工作间进行消毒。当每天工作完毕时，可启动密锁键，锁住工作间。除此之外，箱面的左边有 4 个按键，两个为快速自动进退键，两个为微小进退键，还有一个手动旋钮，调节修组织块时的进退。冷冻箱内左边的冷冻台，温度可达－60℃左右。冷冻箱的中间为一台切片机，工作间的温度在 0～30℃时可任意调节，并在箱面上的荧屏显示出来。

（二）操作方法及步骤

（1）取材：未能固定的组织取材，不能太大太厚，厚者冰冻费时，大者难以切完整，最好为 24mm×24mm×2mm。

（2）取出组织支撑器，放平摆好组织，周边滴上包埋剂，速放于冷冻台上，冰冻。小组织的应先取支承器，滴上包埋剂让其冷冻，形成一个小台后，再放上细小组织，滴上包埋剂。

（3）将冷冻好的组织块夹紧于切片机支承器上，启动粗进退键，转动旋钮，将组织修平。

（4）调好欲切的厚度，其原则是细胞密集的薄切，纤维多细胞稀的可稍为厚切，不同的组织厚度不同，一般为5～10μm。

（5）调好防卷板。制作冰冻切片，关键在于防卷板的调节上，这就要求操作者要细心，准确地将防卷板调校至适当的位置。切出的切片能在第一时间顺利地通过刀防卷板间的通道，平整地躺在持刀器的铁板上。掀起防卷板，取一载玻片，将其附贴上即可。

（6）冷冻温度的选择：冷冻箱中冷冻度的高低，主要根据不同的组织而定。如切未经固定的脑组织、肝组织和淋巴结时，冷冻箱中的温度不能调太低，在－15～－10℃；切甲状腺、脾、肾、肌肉等组织时，可调在－20～－15℃；切带脂肪的组织时，应调至－25℃左右；切含大量的脂肪时，应调至－30℃。

（三）冰冻切片时的注意事项

（1）防卷板及切片刀和持刀架上的板块应保持干净，需经常用毛笔挑除切片残余和用柔软的纸张擦。有时需要每切完一张切片后就用纸擦一次。因为这个地方是切片通过和附贴的地方，如果有残余的包埋剂粘于刀或板上，将会破坏甚至撕裂切片，使切片不能完整切出。

（2）多例多块组织同时需做冰冻切片时，可各自放于不同的支承器上，于冷冻台上冻起来，然后依据不同的编号，依序切片，这样做既不费时也不会乱。

（3）冰冻前放置组织，应视组织的形状及走势来放置，如果胡乱放置，就不能收到很好的效果。

（4）组织块不必经各种固定液固定，尤其是含水的固定液，在未达到固定前，更不能使用。临床快速冰冻切片，不需要预先固定，一是为了争取时间，二是固定了的组织，反而增加了切片的难度。如果使用未完全固定的组织做冰冻切片，就会出现冰晶。

（5）当切片时，如果发现冰冻过度时，可将冰冻的组织连同支承器取出来，在室温停留片刻再行切片，或者用口中哈气，或者用大拇指按压组织块，以此来软化组织，再行切片。除此之外，还可以调高冰冻点。

（6）通常使用冷藏的载玻片来附贴切片。当附贴切片时，从室温中取出的载玻片与冷冻箱中的切片有一种温度差，当温度较高的载玻片附贴上温度较低的切片时，由于两种物质间温度的差别，当它们碰撞在一起时能产生一种吸附力，使切片与载玻片牢固地附贴在一起。如果使用冷藏的载玻片来附贴切片，由于温度相同，不会发生上述现象。

（四）冰冻切片的快速染色法

冰冻切片附贴于载玻片后，立即放入恒冷箱中的固定液固定1min后即可染色。冰冻切片附贴于载玻片后，立即放入恒冷箱中的固定液中固定，这样可以使切片中细胞内各种物质都在没有任何变化的情况下被固定起来，核染色质清晰，核仁明显，其他物质都完好保存。冰冻切片的染色方法：切片固定0.5～1min→水洗→苏木素染色3～5min→分化→于碱水中返蓝20s→伊红染色10～20s→脱水、透明，中性树胶封固。

（五）操作中的注意事项

1. 新鲜的组织制备　组织尽可能新鲜，骤冷愈快愈好，才能避免冰晶，常用的骤冷剂有：液氮（－190℃）、CO_2（－78℃）、液氮冷却的丙烷（－19℃）、丙酮或干冰冷却的轻石油醚或乙烷或庚烷（－80℃）。

2. 固定组织的制备 为防止水解酶和其他物质的移位和弥散，常用4℃甲醛固定能很好地保存酶类24h。但对许多脱氢酶和转移酶能灭活不宜使用，一般用低温，冷甲醛固定10min左右，可显示琥珀酸脱氢酶。

电镜出现后，需要保存细胞的超微结构，以4%缓冲戊二醛（25%戊二醛16mL，0.1mol/L二甲胂酸84mL，蔗糖8g）固定较好。这些固定液主要用于水解酶，而不适于许多氧化还原酶和转移酶。

3. 恒冷箱温度 一般在冷冻后10min，到接近冷室温度时再切，一般组织在－20～－15℃切片最易成功，固定组织一般要高3～5℃。每种组织有其合适的切片温度、刀的温度和冷室温度（表附-1）。

表附-1 不同组织冰冻切片温度（℃）

组织	刀温度	组织温度	恒冷箱温度
肝	－18	－10	－5
肾	－15	－8	－5
皮肤	－35	－10	－5
脑	－18	－5	－5

4. 切片机的使用 抗卷板的前缘与刀面需有足够的距离，使切片平滑通过。抗卷板略高于刀面的最高点。可凭经验调整刀对组织的角度，一般新刀为20°。操作程序：先接通电源，调定恒冷箱温度，调整切片刀的角度，调定切片厚度，标本置载台致冷达所需温度后，将其安放在切片机推进器上。即可切片。恒冷箱视使用情况每周或每月清洁一次冰霜。新刀切片满意，旧刀用自动磨刀机磨刀较好。如果切片刀与抗卷板的位置，角度合乎要求，又有一把锐利的刀，就能获得理想的切片。

四、常用染色方法

（一）苏木精-伊红染色法（HE染色法）

苏木精-伊红染色是一种经典而常用的染色方法，染液内苏木精为碱性染料，可将细胞核内的染色质与胞质内的核糖体等染成蓝紫色；伊红为酸性染料，可将细胞质和细胞外基质中的成分染成粉红色。

1. 主要试剂的配制

（1）1%伊红酒精溶液：称取伊红Y 1g，加少量蒸馏水溶解后，将冰醋酸一滴一滴加入其中，在滴冰醋酸的过程中边滴边搅动，这时可见沉淀形成，直到呈半强糊状。以滤纸过滤，将滤渣在50～60℃烘箱中烤干，将烤干后的沉淀物溶于100mL的95%酒精中即成。

（2）苏木精染液：

甲液：苏木素1g，无水乙醇10mL；

乙液：硫酸铝钾 20g，蒸馏水 200mL（加热煮沸使其全部溶解）。

将甲、乙两液混合煮沸 30s，并加入 0.5g 氧化汞用玻璃棒搅拌，此时液体变为深紫色，即将烧杯放于流动冷水中，使液体立即冷却，隔日双层滤纸过滤。使用时加 4mL 冰醋酸，可增强其着色力。开始使用时也可以不加冰醋酸，待用 2 周后再加冰醋酸（200mL 染液中加 2mL 左右），这样可以延长苏木精染液的使用寿命。

2. 具体操作步骤

（1）脱蜡至水：二甲苯（Ⅰ）15min→二甲苯（Ⅱ）15min→无水乙醇（Ⅰ）3min→无水乙醇（Ⅱ）3 min→95%乙醇（Ⅰ）3min→95%乙醇（Ⅱ）3min→90%乙醇 3min→80%乙醇 2min→70%乙醇 2min→蒸馏水冲洗 2min。

（2）染色：苏木精（新配制的 1min，旧的 2min）→自来水冲洗苏木精染液 5min→1%盐酸溶液分化 30s→自来水冲洗 5min→1%氨水返蓝 10s→自来水冲洗 15min→95%乙醇 3min→1%伊红酒精溶液 1～2min。

（3）脱水、透明和封固：95%乙醇 2min→无水乙醇（Ⅰ）2min→无水乙醇（Ⅱ）2 min→二甲苯（Ⅰ）5min→二甲苯（Ⅱ）5min→中性树胶封固。

（4）镜检结果：细胞核呈鲜明的蓝色。软骨基质、钙盐颗粒呈深蓝色。黏液呈灰蓝色。细胞质为深浅程度不同的粉红色至桃红色。细胞质内嗜酸性颗粒呈鲜红色，胶原纤维、呈淡粉红色，弹性纤维呈亮粉红色。红细胞呈橘红色。质量上佳的染色切片，细胞核与细胞质蓝红相映，鲜艳，细胞核鲜明，核膜及核染色质颗粒均清晰可见。

（二）姬姆萨染色法（MGG 染色法）

MGG 由 May-Grunwald 染料和 Giemsa 染料组成。前者化学名为曙红亚甲基蓝Ⅱ，对胞质着色较好；后者对胞核着色较好。MGG 染色可兼顾两者的优点，常用于细胞涂片染色。

1. 主要试剂的配制

（1）Ⅰ液：迈格染料 1g，甲醇 100mL。其配制方法是：在研钵内用少量纯甲醇将染料充分研磨成均匀一致的悬液，倒入烧瓶中，加入其余的甲醇后置入 37℃温箱 4～6h，每隔 30min 研磨 30min，然后放入深棕色瓶内，在室温下保存，2 周后使用。临用前取上清液 40mL，加纯甲醇 20mL 混合作为工作液。

（2）Ⅱ液：姬氏染粉 0.6g，甘油 50mL，甲醇 100mL。其配制方法是：将姬氏染粉溶于甘油内，在研钵内研磨 3～4h，使之磨匀，加入纯甲醇后搅拌均匀，放入深棕色瓶内，室温下保存，2 周后即可使用。

（3）磷酸缓冲液：取 1%磷酸氢二钠 20mL，1%磷酸二氢钠 30mL，加蒸馏水至1 000 mL，调整 pH 为 6.4～6.8（可用蒸馏水代替缓冲液）。

2. 具体操作步骤　自然干燥的细胞涂片（预先滴加甲醇固定更好）水平置于染色架上；将Ⅰ液（用缓冲液或蒸馏水 5～10 倍稀释）滴盖涂片上，染色 10～30min；倒弃涂片上的Ⅰ液，自来水漂洗干净；立即滴盖Ⅱ液（用缓冲液或蒸馏水 5～10 倍稀释）在涂片上，染色 10～30min；倒弃涂片上的Ⅱ液，自来水漂洗干净；趁湿加盖片或待干后镜检。MGG 染色将细胞核染成紫红色，细胞质和核仁染成蓝紫色。

（三）瑞氏（Wright's）染色法

瑞氏染料是由酸性染料伊红和碱性染料美蓝组成的复合染料，用甲醇作为瑞氏染料溶剂，即可得到瑞氏染液。

1. 主要试剂的配制

（1）瑞氏染液：将1.5g瑞氏染料置于500mL棕色小磨口玻璃瓶内，再在其中加甲醇485mL，塞紧瓶盖，振荡10s后，放在60℃恒温箱中2h，然后取出震荡10s，加入碘酸钠0.1g，混匀，加入甘油15mL，混匀后即可使用。

（2）缓冲液（pH6.4～6.8）：1%磷酸二氢钾（KH_2PO_4）30mL，1%磷酸氢二钠（Na_2HPO_4）20mL，蒸馏水加至1 000mL。

2. 具体操作步骤

（1）将已干燥的细胞学标本片平放于染色架上。滴加染色液数滴于玻片上，使染色液布满标本区域。

（2）0.5～1 min后，再滴加染色液两倍量的缓冲液，轻轻摇动玻片或用洗耳球沿标本片长轴吹气，使染液与缓冲液充分混合。通常染色10min左右。置载玻片于水平位，用自来水冲洗，晾干后镜检。

（四）PAS（periodic acid schiff）染色法

PAS染色法又称高碘酸-schiff反应。高碘酸能将细胞胞质中的二醇基多糖氧化生成醛基。此醛基与Schiff液中的无色品红结合，形成红色化合物，定位于胞质内。胞质中PAS反应阳性物质呈均质性、大小不等的红色颗粒，极为清楚。糖原亦呈阳性反应，可应用1%淀粉酶溶液37℃孵育30min，以清除糖原。临床上常用于鉴别腺癌细胞和淋巴母细胞。

1. 主要试剂的配制

（1）Schiff液制备：

A液：副品红1g溶于1 mol/L盐酸30mL，过滤后保存备用。

B液：偏位二硫化钾1g溶于蒸馏水170mL。

A、B液混合，暗室中过滤，然后加入活性炭600mg洁化，摇振1min后过滤。过滤液应无色微黄，密闭保存于暗棕色瓶内，4℃冰箱内储存，两个月内有效。

（2）10%甲醛醇溶液：40%甲醛10mL+100%甲醇90mL。

2. 具体操作步骤

（1）玻片于Corney固定液（或10%甲醛醇溶液）中固定10min；蒸馏水冲洗2min。

（2）竖片于新鲜1%过碘酸溶液中氧化5min；蒸馏水冲洗2min。

（3）竖片于Schiff液中20～30min；蒸馏水冲洗5min。

（4）Harris苏木精溶液染2min；蒸馏水冲洗5min。

（5）自然干燥，镜检。

（五）油红O脂肪染色法

油红O为脂溶性的着色剂，略溶于有机溶剂，不溶于水，优先为脂类溶解和吸附，属于偶氮染料，有β-羟基，溶解后进行重排，成醌型结构，将中性脂肪染成红色。

1. 主要试剂的配制

油红 O 染色液（油红 O 饱和异丙醇溶液）：取异丙醇 100mL，油红 O 0.5g，置于锥形瓶中，在水浴中缓慢加热使之完全溶解，取出冷却至室温后过滤，装于棕色小磨砂口瓶保存备用。使用前取油红 O 饱和异丙醇溶液 6mL 加 1%糊精 4mL，混合后静置 10min 后过滤即可使用。

2. 具体操作步骤　冰冻切片用福尔马林钙固定 1h→蒸馏水充分洗涤→60%异丙醇 5min→染液染色 15min→60%异丙醇洗→蒸馏水洗→苏木精染色 1min→1% Na_2HPO_4 1min→蒸馏水洗→甘油明胶封片。

（六）富尔根（Feulgen）染色法

标本通过 60℃的 1mol/L HCl 水解作用，可将 DNA 分子中嘌呤碱基与去氧核糖之间的糖苷键打开，所形成的醛基具有还原作用，它再与无色品红结合形成紫红色化合物，从而显示出 DNA 的分布，因此该方法成为 DNA 定量测定的主要染色方法之一。

1. 主要试剂的配制

（1）1mol/L HCl：蒸馏水 110mL，10mL 浓 HCl，混匀。

（2）Schiff 试剂冷配法：1mol/L HCl 15mL 加 0.5g 碱性品红，摇摆使之溶解（不加温），加 0.6%偏重亚硫酸钠（钾）85mL，密封于棕色瓶中，或锡箔纸包好，室温避光 24h。第二天观察，溶液呈淡淡的草黄色，再加 300mg 活性炭，摇动 1min，过滤后呈无色的 Schiff 试剂溶液。

（3）偏重亚硫酸钠洗液：先配 10%的亚硫酸钠溶液，取 10mL，加 200mL 蒸馏水，再加 1mol/L HCl10 mL，混匀。

（4）固绿染色液：95%乙醇溶液 100mL 加 0.5g 固绿，混匀。

2. 具体操作步骤

（1）先将恒温水浴锅调到 60℃恒温备用。

（2）石蜡切片脱蜡：二甲苯（Ⅰ）15min→二甲苯（Ⅱ）15min→无水乙醇（Ⅰ）3min→无水乙醇（Ⅱ）3 min→95%乙醇（Ⅰ）2min→95%乙醇（Ⅱ）2min→90%乙醇 2min→80%乙醇 2min→70%乙醇 2min→蒸馏水冲洗 2min。

（3）蒸馏水（60℃）1min（提前 10min 把染缸放在恒温水浴箱预温）。

（4）1mol/L HCl（60℃）8～10min（提前 10min 把染缸放在恒温水浴箱预温）。

（5）1mol/L HCl（室温）1min。

（6）Schiff 试剂 1h。

（7）偏重亚硫酸钠洗液洗 3 次（每次 3min）。

（8）自来水冲洗 3～5s，蒸馏水冲洗 3min。

（9）固绿染色液 1～2min（可省略）。

（10）蒸馏水冲洗 3min。

（11）脱水：95%乙醇（Ⅰ）2min→95%乙醇（Ⅱ）2min→无水乙醇（Ⅰ）2min→无水乙醇（Ⅱ）2min→二甲苯（Ⅰ）20min→二甲苯（Ⅱ）20min→中性树胶封固。

（12）结果：细胞核内 DNA 呈紫红色，细胞质呈绿色。

ZHUYAO CANKAO WENXIAN 主要参考文献

成令忠，钟翠平，蔡文琴．2003. 现代组织学．第 3 版．上海：上海科学技术文献出版社．

李德雪，尹昕．1995. 动物组织学彩色图谱．长春：吉林科学技术出版社．

罗克．1983. 家禽解剖学与组织学．福州：福建科学技术出版社．

彭克美．2008. 畜牧兽医基础实验指导．北京：中国农业出版社．

彭克美．2009. 动物组织学及胚胎学．北京：高等教育出版社．

钱菊汾．2003. 家畜胚胎学．北京：中国科学文化出版社．

卿素珠．2013. 动物组织学与胚胎学实验指导．北京：中国农业出版社．

沈霞芬，卿素珠．2009. 兽医组织学胚胎学．杨凌：西北农林科技大学出版社．

沈霞芬．2009. 家畜组织学与胚胎学．第 4 版．北京：中国农业出版社．

谭景和．1996. 脊椎动物比较胚胎学．哈尔滨：黑龙江出版社．

滕可导．2008. 彩图家畜组织学与胚胎学实验指导．北京：中国农业大学出版社．

吴江声，孙树勋．1994. 组织学与胚胎学．北京：北京医科大学出版社．

杨银凤．2011. 家畜解剖学及组织胚胎学．第四版．北京：中国农业出版社．

张天荫．1996. 动物胚胎学．济南：山东科学技术出版社．

邹仲之．2005. 组织学与胚胎学．第 6 版．北京：人民卫生出版社．

H D 德尔曼，E M 布朗．兽医组织学．第二版．秦鹏春，聂其灼，主译．北京：中国农业出版社，1989.

Don A Samuelson. 2007. Textbook of Veterinary Histology. Saunders.

Jo Ann Eurell，Brian L Frappier. 2006. Dellmann's Textbook of Veterinary Histology. Sixth Edition. Blackwell Publishing.

图书在版编目（CIP）数据

家畜组织学与胚胎学实验指导 / 董常生主编．—3版．—北京：中国农业出版社，2015.4（2024.12 重印）
全国高等农林院校“十二五”规划教材
ISBN 978-7-109-20408-9

Ⅰ.①家… Ⅱ.①董… Ⅲ.①家畜-动物组织学-实验-高等学校-教学参考资料②家畜-动物胚胎学-实验-高等学校-教学参考资料 Ⅳ.①S852.1－33

中国版本图书馆 CIP 数据核字（2015）第 090157 号

中国农业出版社出版
（北京市朝阳区麦子店街 18 号楼）
（邮政编码 100125）
责任编辑 武旭峰 王晓荣
文字编辑 武旭峰

中农印务有限公司印刷 新华书店北京发行所发行
1996 年 10 月第 1 版 2015 年 6 月第 3 版
2024 年 12 月第 3 版北京第 5 次印刷

开本：787mm×1092mm 1/16 印张：5.25 插页：8
字数：110 千字
定价：22.50 元

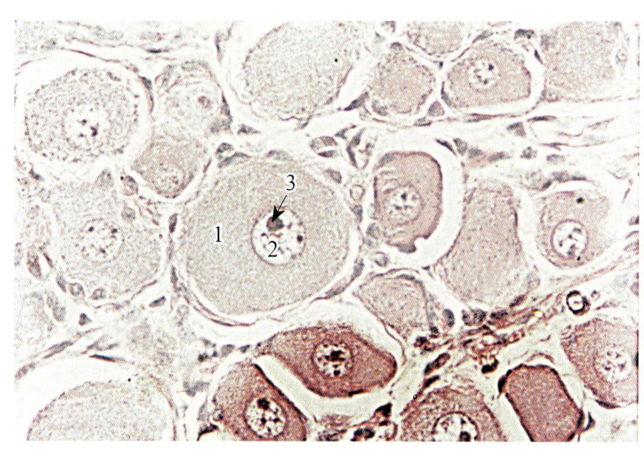

图2-1 细胞（猪脊神经节 HE 高倍）

1. 细胞质 2. 细胞核 3. 核仁

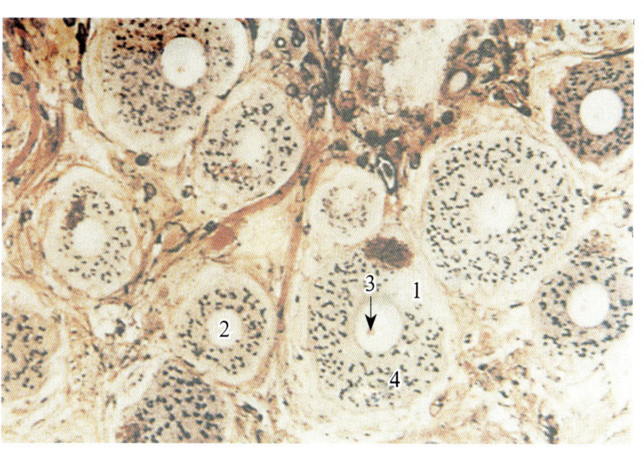

图2-2 高尔基复合体（马脊神经节 镀银法 高倍）

1. 细胞质 2. 细胞核 3. 核仁 4. 高尔基复合体

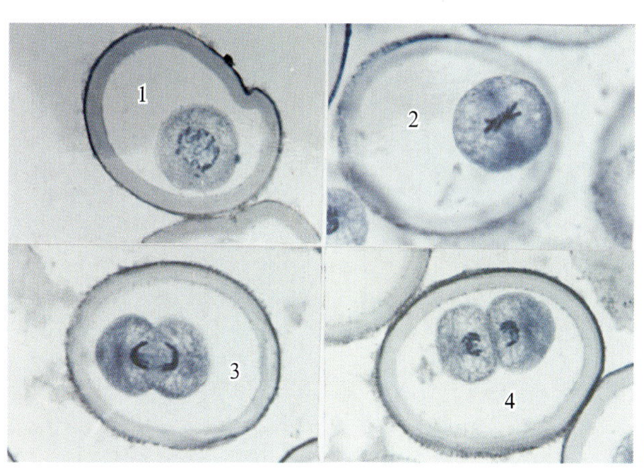

图2-3 细胞有丝分裂（马蛔虫卵 铁苏木精 高倍）

1. 分裂前期 2. 分裂中期 3. 分裂后期 4. 分裂末期

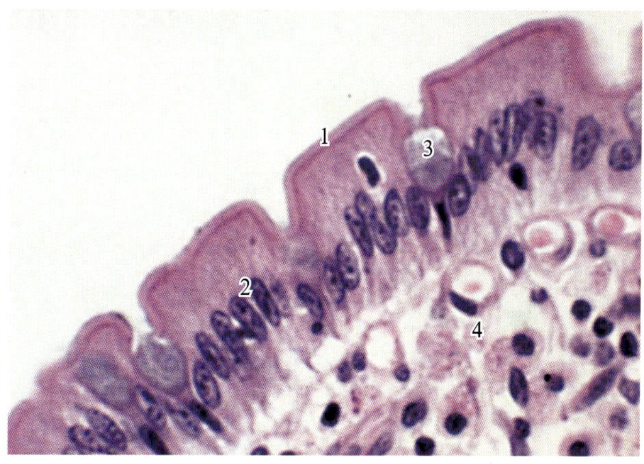

图3-1 单层柱状上皮（犬小肠 HE 高倍）

1. 纹状缘 2. 柱状细胞 3. 杯状细胞 4. 结缔组织

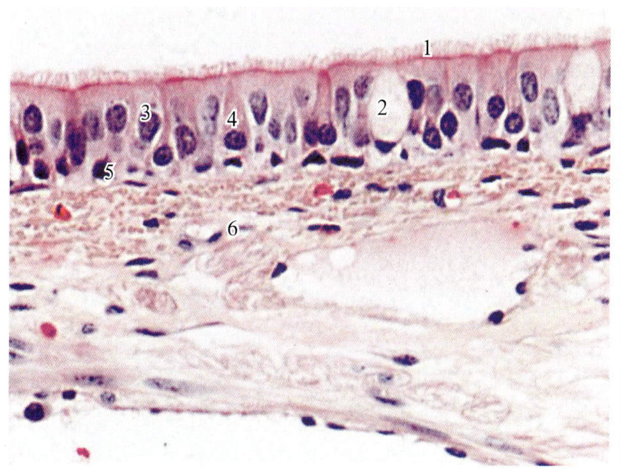

图3-2 假复层纤毛柱状上皮（兔气管 HE 高倍）

1. 纤毛 2. 杯状细胞 3. 柱状细胞 4. 梭形细胞 5. 锥形细胞 6. 结缔组织

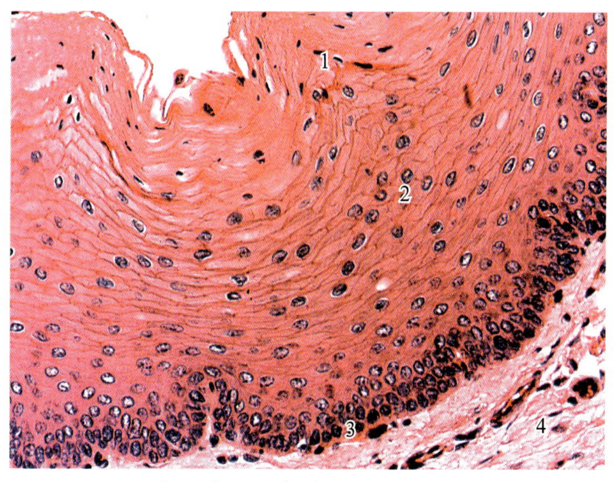

图3-3 复层扁平上皮（兔食管 HE 高倍）

1. 表层 2. 中间层 3. 基底层 4. 结缔组织

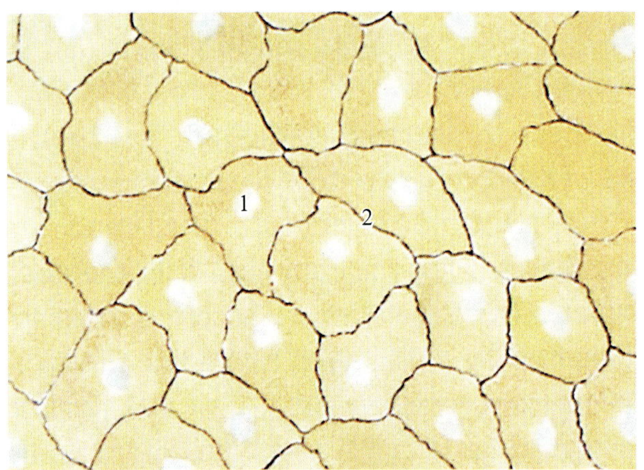

图3-4　单层扁平上皮表面观（兔肠系膜　镀银法　高倍）

1. 扁平细胞核　2. 细胞间锯齿状界限

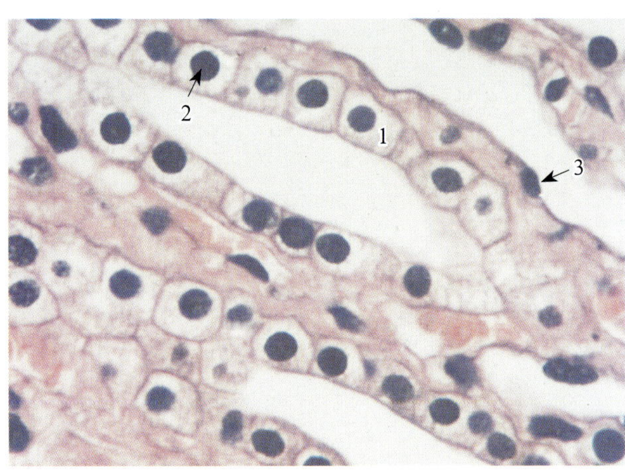

图3-5　单层立方上皮（兔肾小管　HE　高倍）

1. 立方细胞　2. 细胞核　3. 扁平细胞

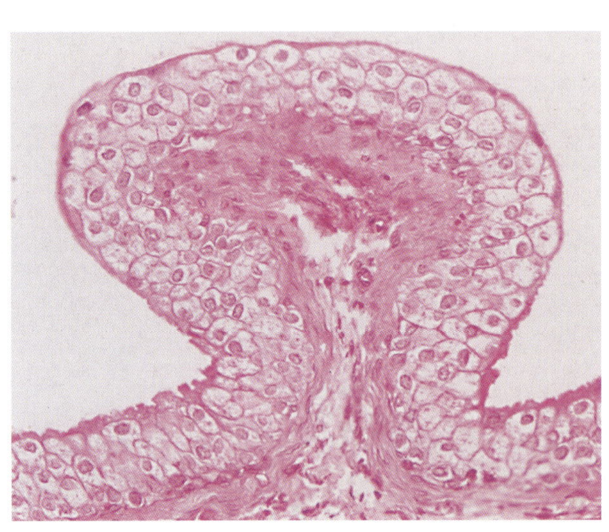

图3-6　变移上皮（犬收缩膀胱　HE　高倍）

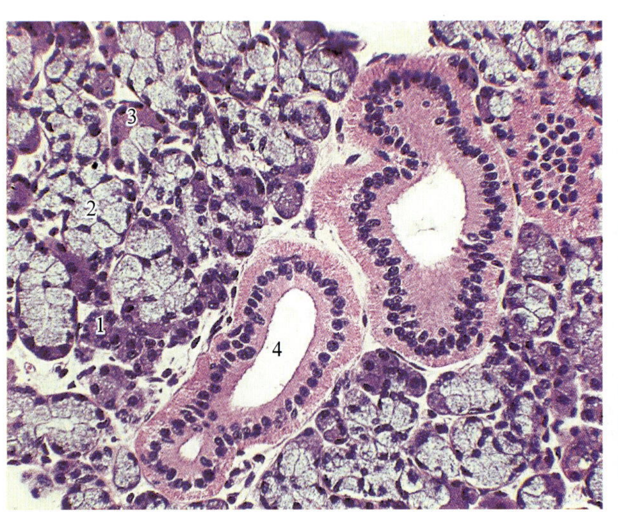

图3-7　混合腺（羊颌下腺切片　HE　高倍）

1. 浆液性腺泡　2. 黏液性腺泡　3. 浆半月　4. 小叶内导管

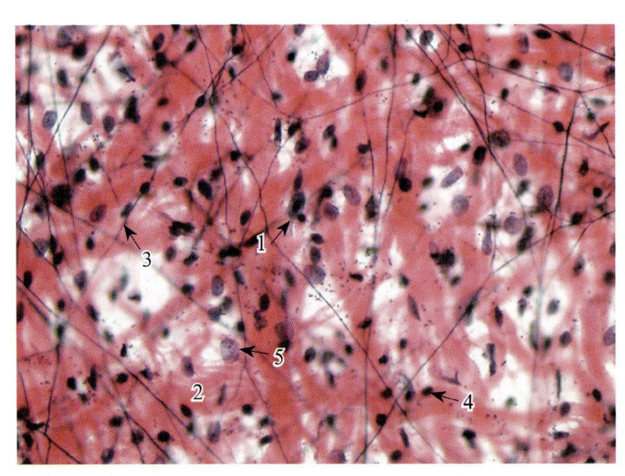

图4-1　疏松结缔组织（小鼠肠系膜　台盼蓝活体染色、甲苯胺蓝复染　高倍）

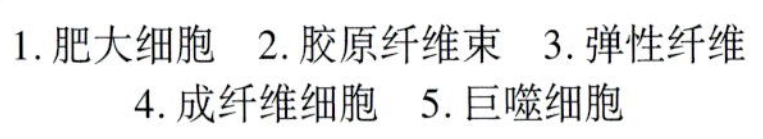

1. 肥大细胞　2. 胶原纤维束　3. 弹性纤维

4. 成纤维细胞　5. 巨噬细胞

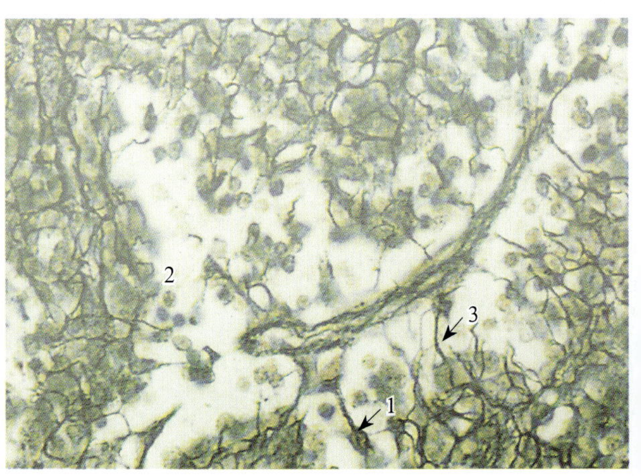

图4-2　网状组织（牛淋巴结　镀银法　高倍）

1. 网状细胞　2. 淋巴细胞　3. 网状纤维

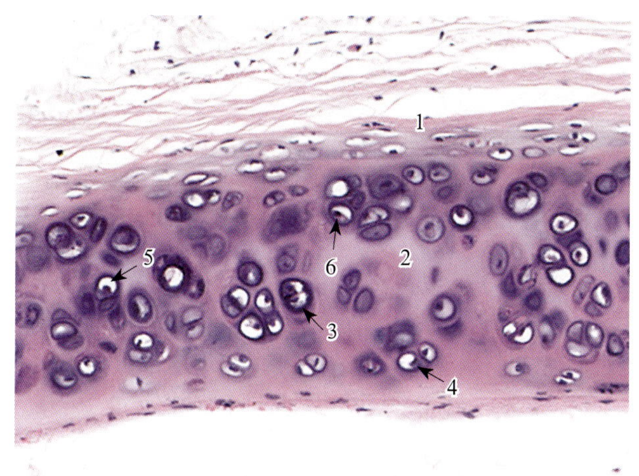

图4-3　透明软骨（犬气管　HE　低倍）

1. 软骨膜　2. 软骨基质　3. 同源细胞群　4. 软骨细胞
5. 软骨陷窝　6. 软骨囊

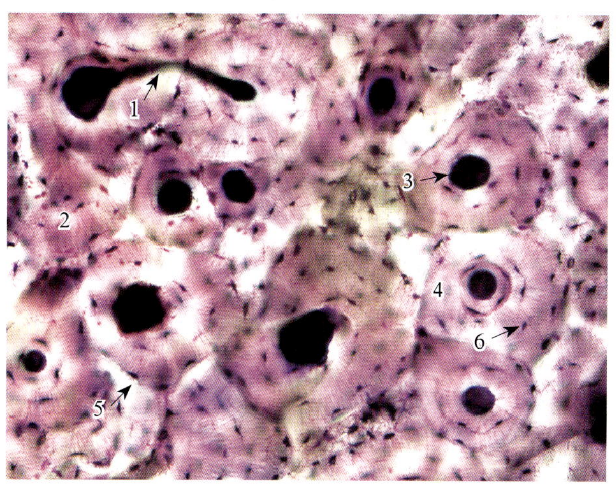

图4-4　骨组织（犬长骨骨干　大丽紫　低倍）

1. 穿通管　2. 骨间板　3. 中央管　4. 骨单位
5. 骨黏合线　6. 骨陷窝

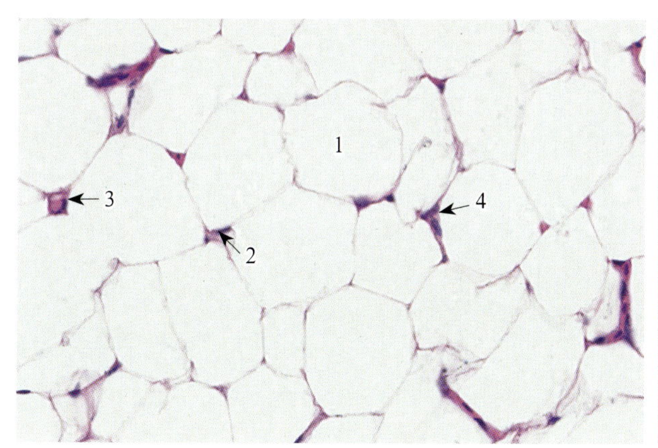

图4-5　脂肪组织（鸡腹脂　HE　高倍）

1. 脂肪细胞　2. 脂肪细胞核　3. 微静脉　4. 结缔组织

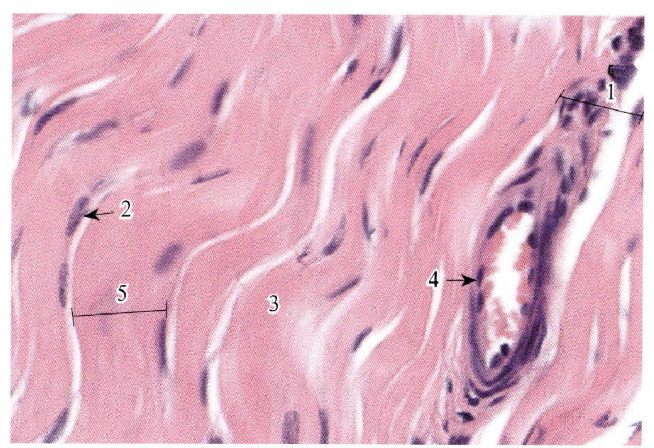

图4-6　致密结缔组织（马肌腱　HE　高倍）

1. 腱内膜　2. 腱细胞　3. 胶原纤维束　4. 血管　5. 腱束

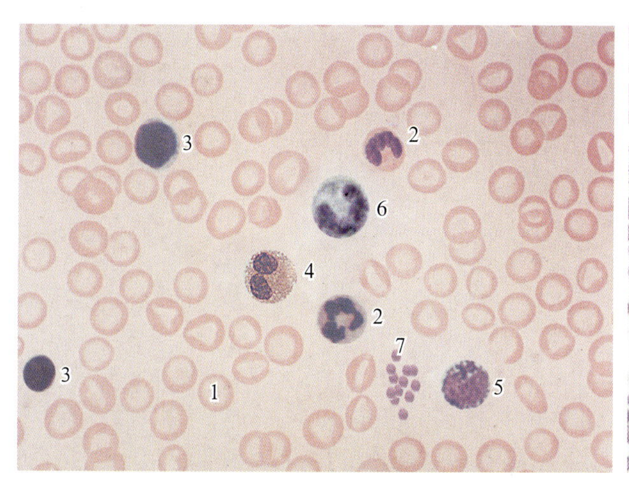

图5-1　血细胞（牛血涂片　瑞氏　油镜）

1. 红细胞　2. 嗜中性粒细胞　3. 淋巴细胞　4. 嗜酸性粒细胞
5. 嗜碱性粒细胞　6. 单核细胞　7. 血小板

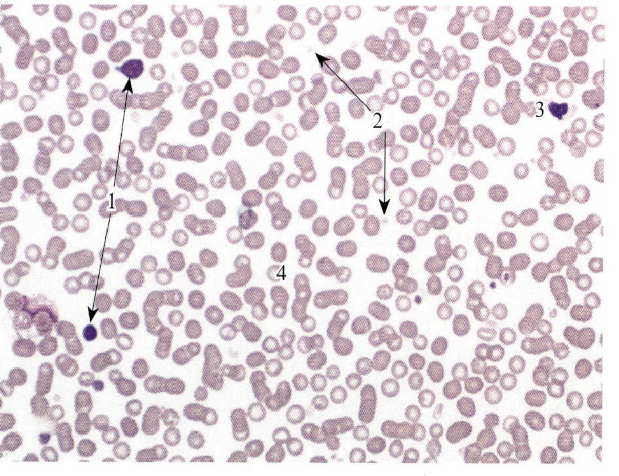

图5-2　血细胞（马血涂片　瑞氏　低倍）

1. 淋巴细胞　2. 血小板　3. 中性粒细胞　4. 红细胞

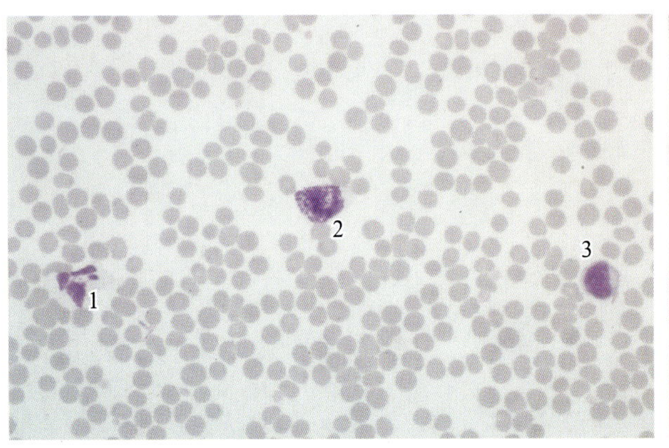

图5-3　血细胞（马血涂片　瑞氏　高倍）

1. 嗜中性粒细胞　2. 嗜酸性粒细胞　3. 单核细胞

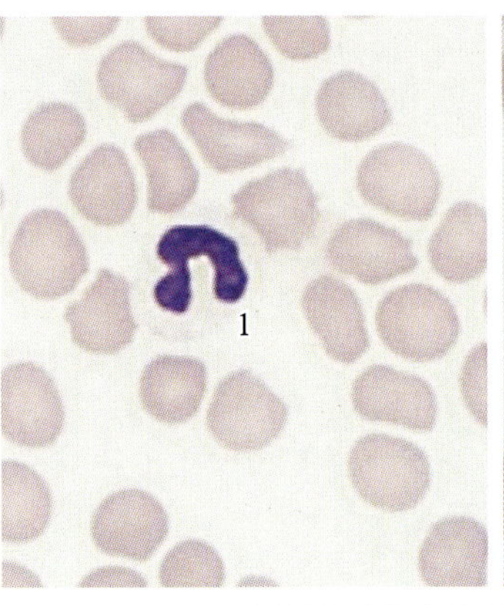

图5-4　血细胞（犬血涂片　瑞氏　油镜）

1. 嗜中性粒细胞　2. 嗜酸性粒细胞

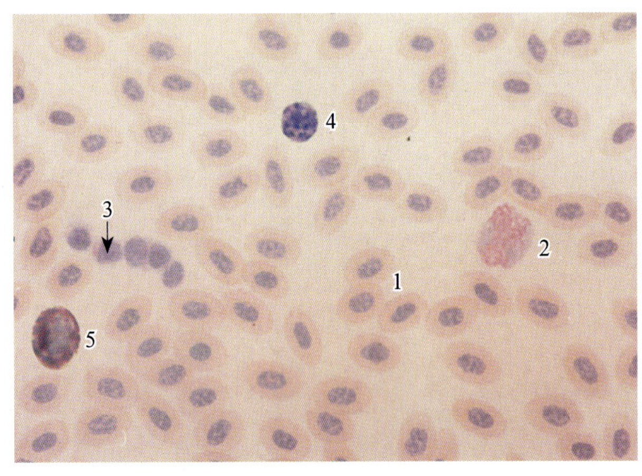

图5-5　血细胞（鸡血涂片　瑞氏　油镜）

1. 红细胞　2. 异嗜性粒细胞　3. 血栓细胞　4. 淋巴细胞
5. 嗜碱性粒细胞

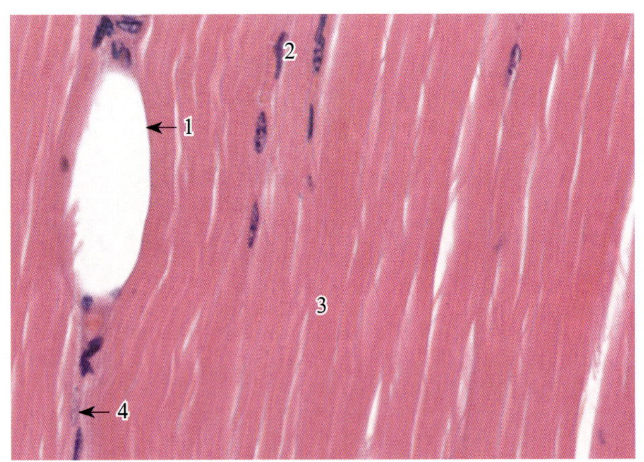

图6-1　骨骼肌纵切面（绵羊　HE　低倍）

1. 肌束膜　2. 内皮细胞核　3. 骨骼肌纤维　4. 骨骼肌细胞核

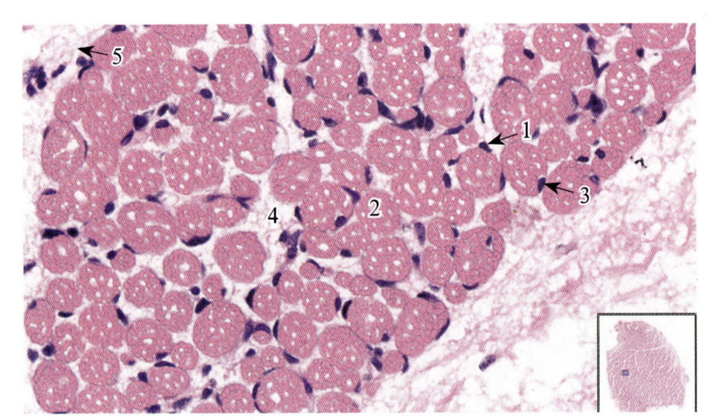

图6-2　骨骼肌横切面（猪　HE　低倍）

1. 骨骼肌卫星细胞　2. 肌纤维　3. 肌细胞核
4. 血管　5. 结缔组织（肌束膜）

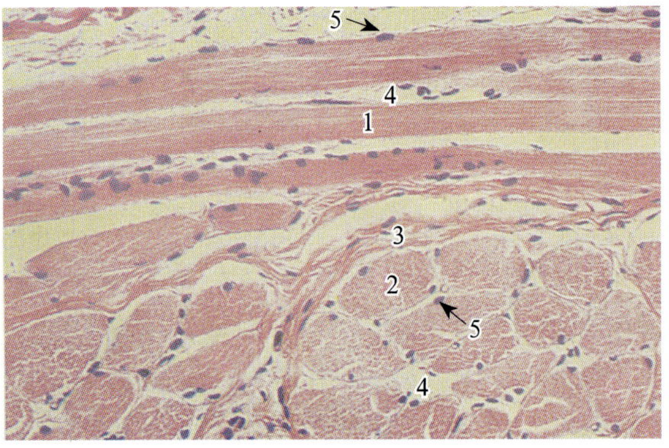

图6-3　骨骼肌（马舌　HE　低倍）

1. 骨骼肌细胞纵切　2. 骨骼肌细胞横切　3. 肌束膜
4. 肌内膜　5. 肌细胞核

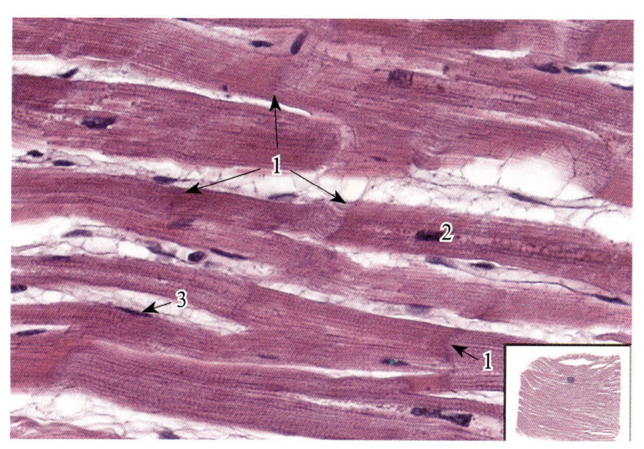

图6-4　心肌（绵羊　HE　高倍）

1. 闰盘　2. 心肌细胞核　3. 成纤维细胞核

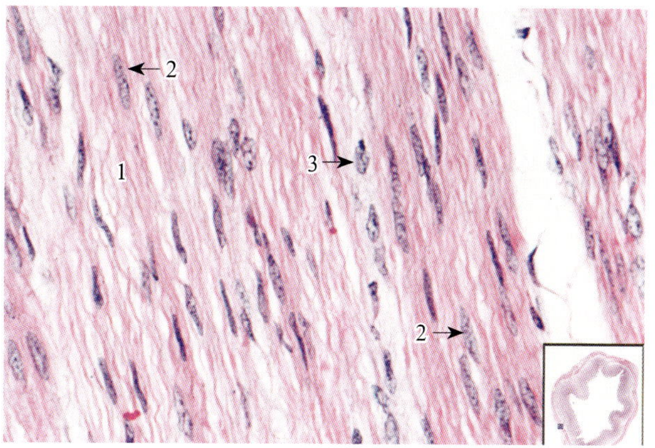

图6-5　平滑肌（马十二指肠　HE　高倍）

1. 环行平滑肌　2. 舒张状态平滑肌细胞核
3. 收缩状态平滑肌细胞核

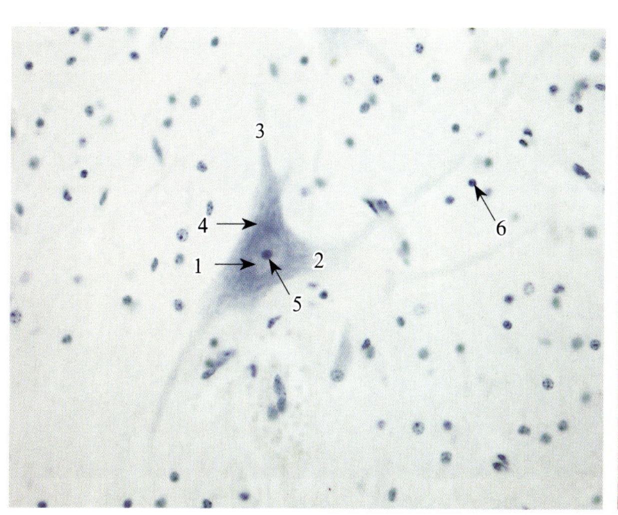

图7-1　多极神经元（猫脊髓　Nissl　高倍）

1. 细胞核　2. 轴丘　3. 树突　4. 尼氏体
5. 核仁　6. 神经胶质细胞

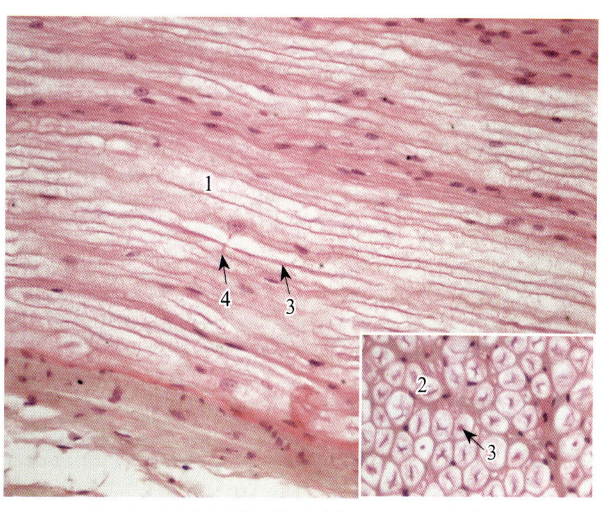

图7-2　神经纤维（兔脊神经　HE　高倍）

1. 神经纤维纵切　2. 神经纤维横切　3. 轴突　4. 朗飞结

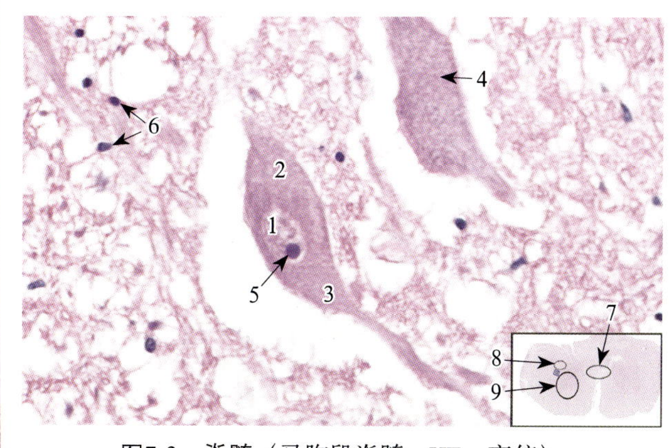

图7-3　脊髓（马胸段脊髓　HE　高倍）

1. 细胞核　2. 核周体　3. 树突　4. 尼氏体　5. 核仁
6. 神经胶质细胞核　7. 灰质联合　8. 背角　9. 腹角

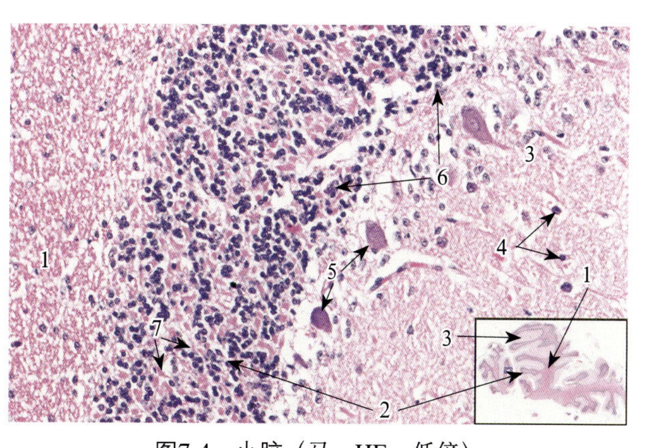

图7-4　小脑（马　HE　低倍）

1. 白质　2. 颗粒层　3. 分子层　4. 篮状细胞
5. 蒲肯野细胞(层)　6. 高尔基Ⅱ型细胞　7. 小脑小球

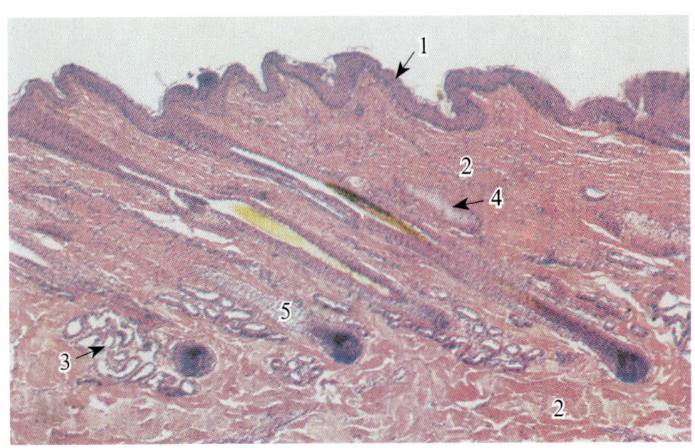

图10-1 皮肤（马颈部 HE 低倍）

1. 表皮 2. 真皮 3. 汗腺 4. 皮脂腺 5. 毛囊

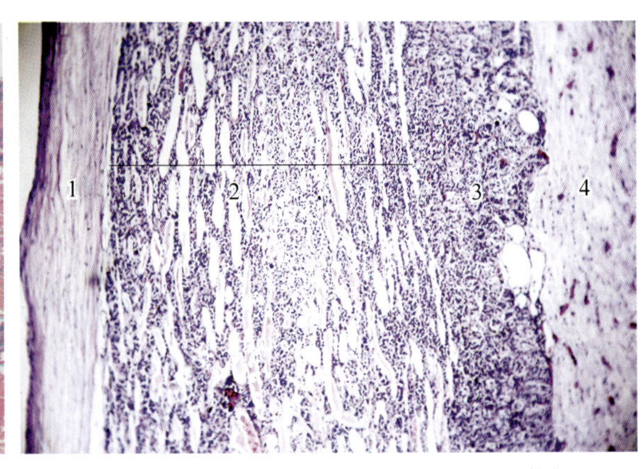

图11-1 脑垂体矢状切面（羊 HE 低倍）

1. 被膜 2. 远侧部 3. 中间部 4. 神经部

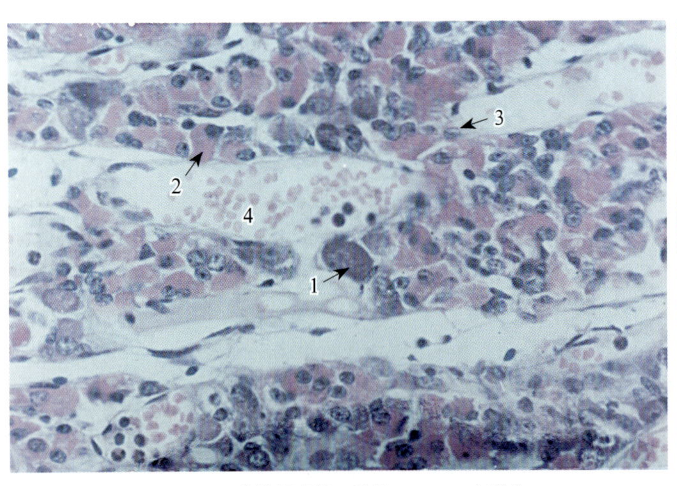

图11-2 垂体远侧部（羊 HE 高倍）

1. 嗜碱性细胞 2. 嗜酸性细胞 3. 嫌色细胞 4. 血窦

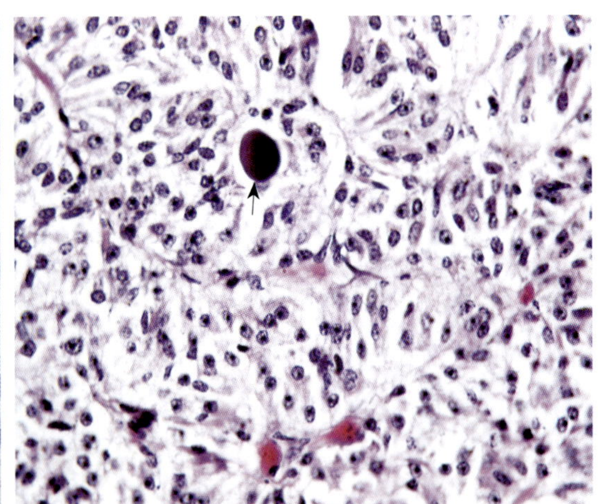

图11-3 脑垂体中间部（羊 HE 高倍）

图中多数为嫌色细胞，箭头示一个充满胶体的滤泡

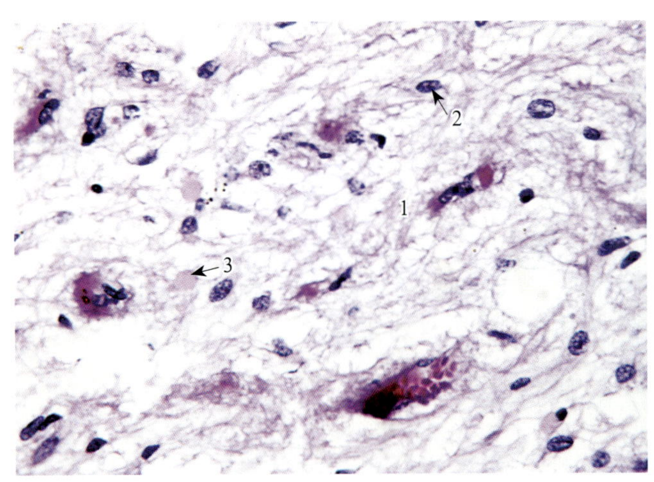

图11-4 垂体神经部（羊 HE 高倍）

1. 无髓神经纤维 2. 神经胶质细胞核 3. 赫令小体

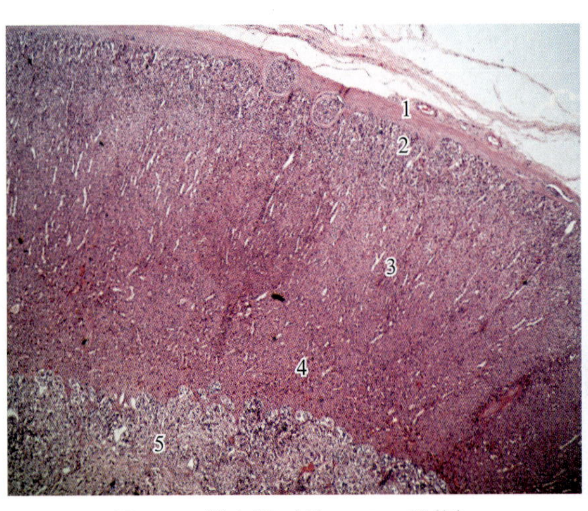

图11-5 肾上腺（羊 HE 低倍）

1. 被膜 2. 多形带 3. 束状带 4. 网状带 5. 髓质

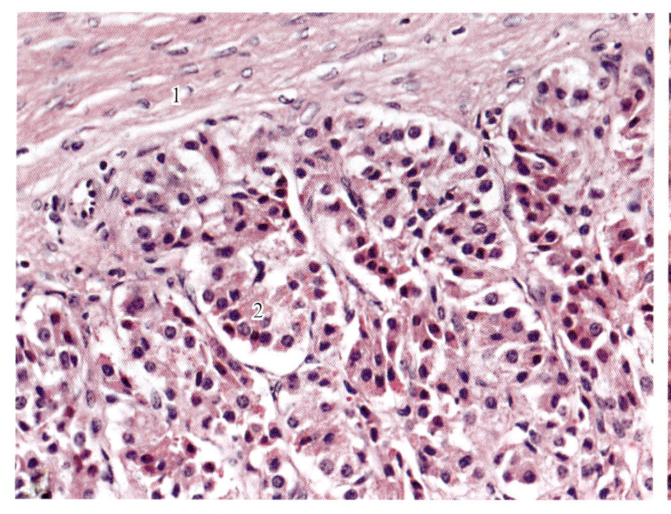

图11-6 肾上腺多形带（羊 HE 高倍）

1. 被膜 2. 多形带细胞

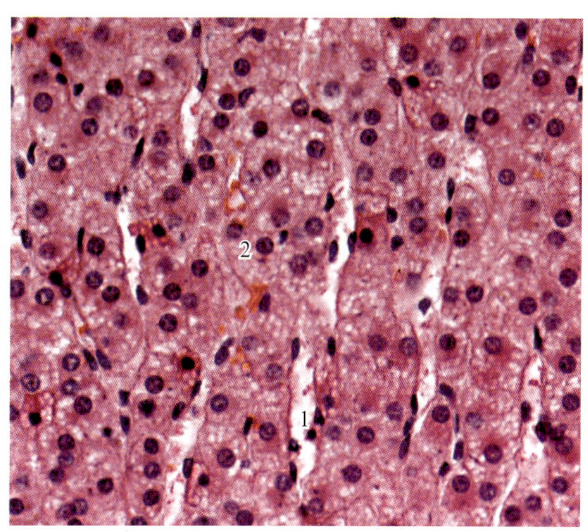

图11-7 肾上腺束状带（羊 HE 高倍）

1. 血窦 2. 束状带细胞

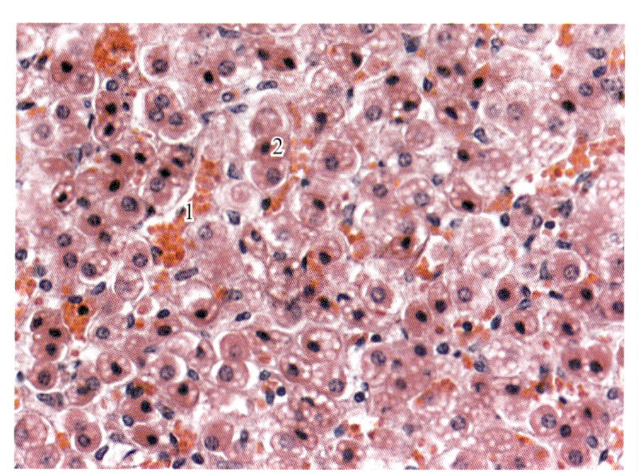

图11-8 肾上腺网状带（羊 HE 高倍）

1. 血窦 2. 网状带细胞

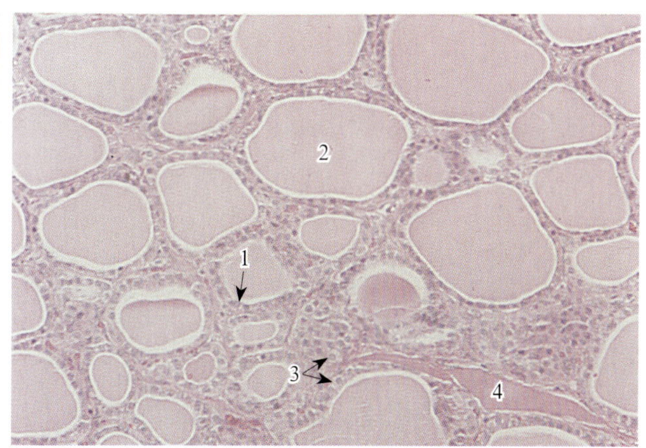

图11-9 甲状腺（羊 HE 低倍）

1. 滤泡上皮细胞 2. 胶质 3. 滤泡旁细胞 4. 血窦

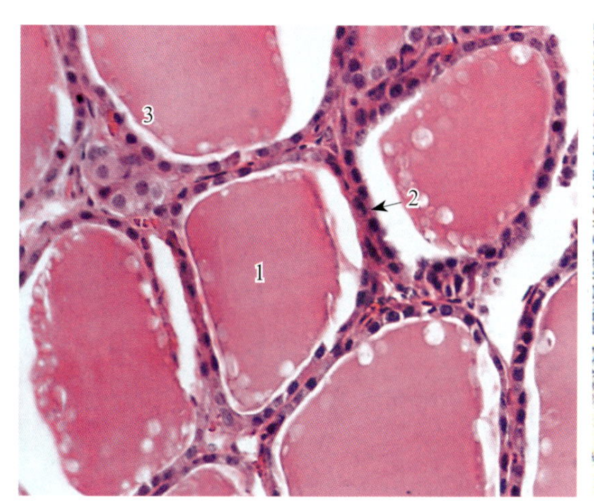

图11-10 甲状腺（羊 HE 高倍）

1. 胶体 2. 滤泡上皮细胞 3. 滤泡旁细胞

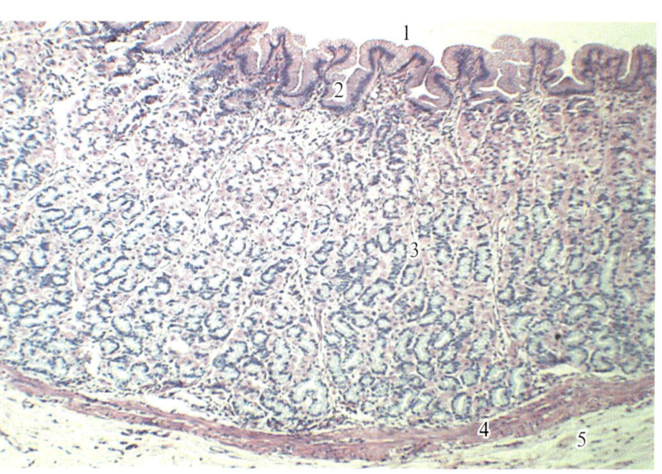

图12-1 胃底部（犬 HE 低倍）

1. 上皮 2. 胃小凹 3. 胃底腺 4. 黏膜肌层 5. 黏膜下层

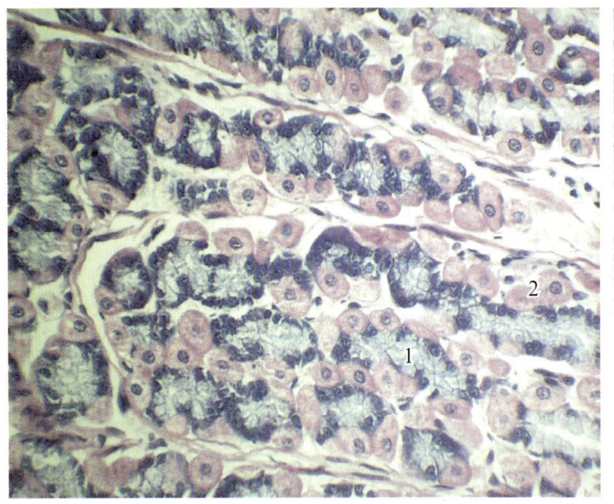

图12-2　胃底部（犬　HE　高倍）

1. 主细胞　2. 壁细胞

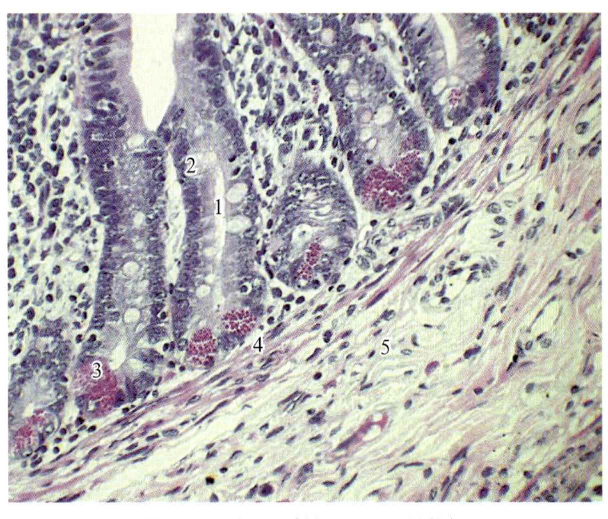

图12-3　空肠（羊　HE　低倍）

1. 肠腺　2. 杯状细胞　3. 潘氏细胞　4. 黏膜肌层　5. 黏膜下层

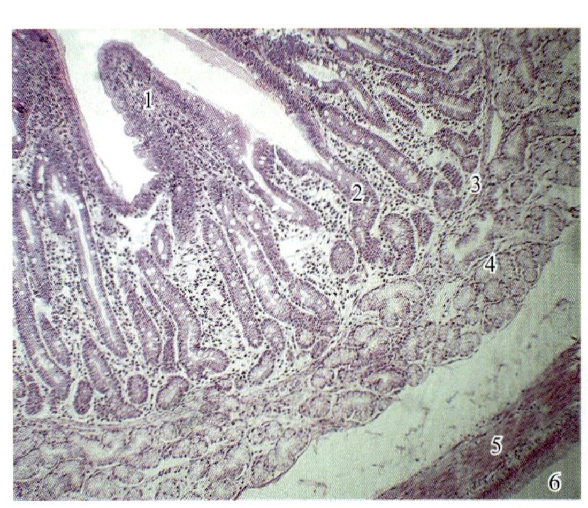

图12-4　十二指肠（犬　HE　高倍）

1. 绒毛　2. 肠腺　3. 黏膜肌层　4. 十二指肠腺
5. 肌层　6. 浆膜

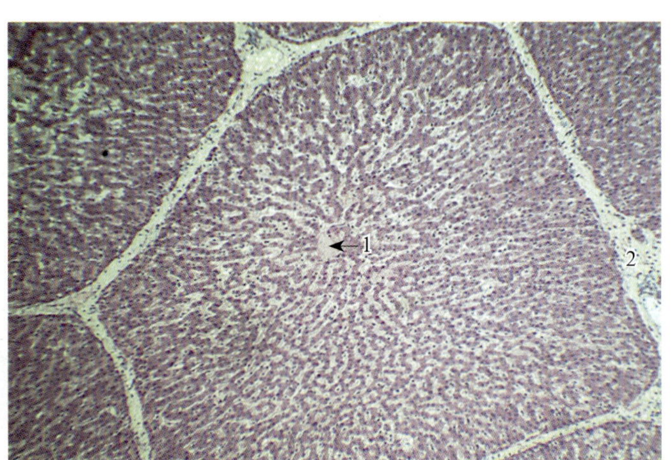

图13-1　肝（猪　HE　低倍）

1. 中央静脉　2. 门管区

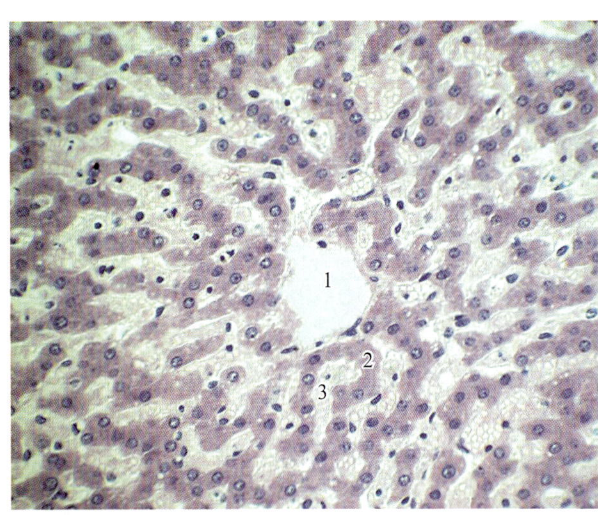

图13-2　肝（猪　HE　高倍）

1. 中央静脉　2. 肝索　3. 肝血窦

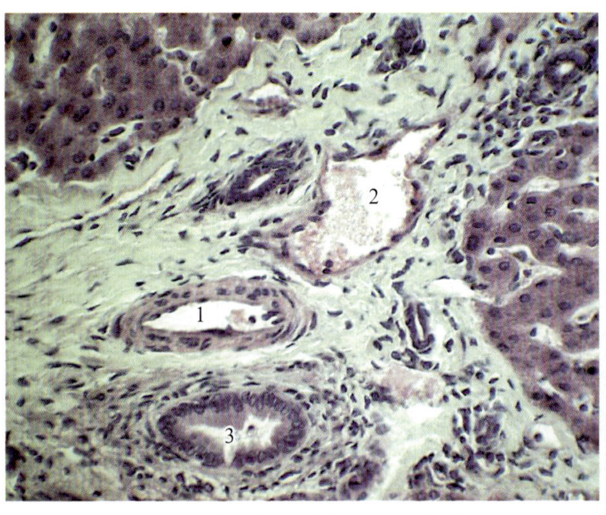

图13-3　肝门管区（猪　HE　高倍）

1. 小叶间动脉　2. 小叶间静脉　3. 小叶间胆管

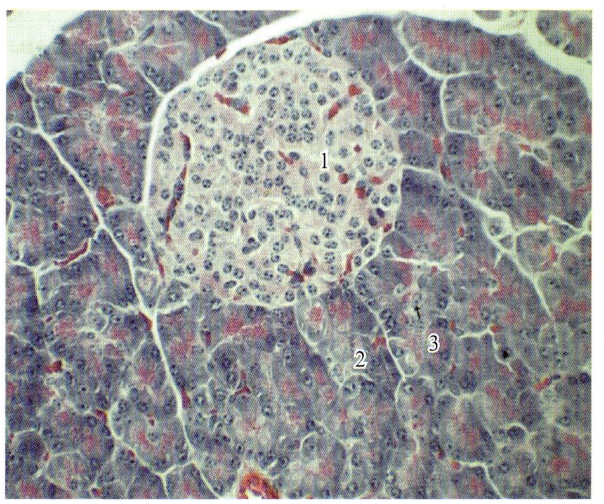

图13-4　胰腺（豚鼠　HE　高倍）

1. 胰岛　2. 腺泡　3. 泡心细胞

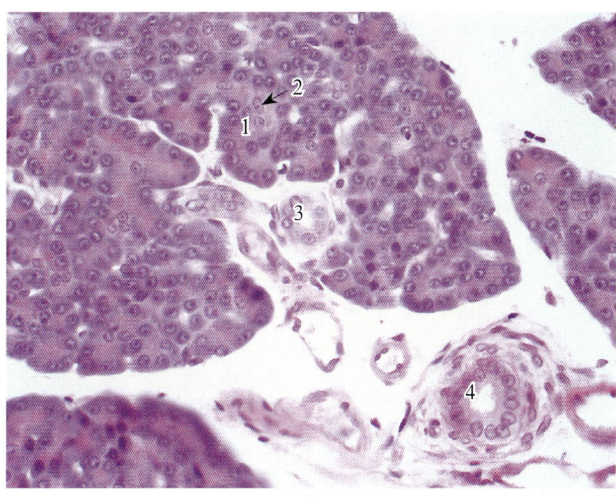

图13-5　胰腺（猪　HE　高倍）

1. 腺泡　2. 泡心细胞　3. 小叶内导管　4. 小叶间导管

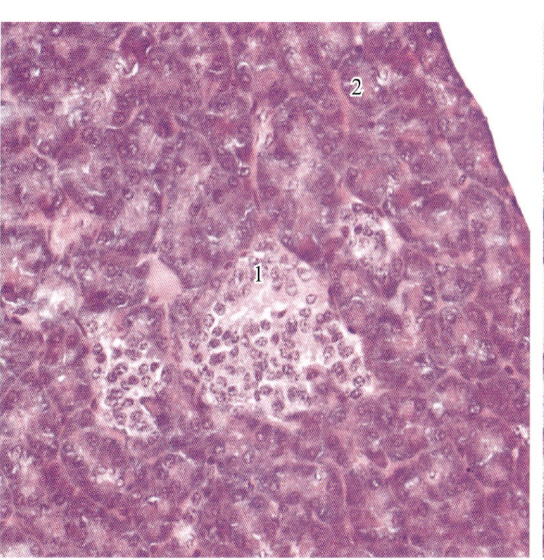

图13-6　胰腺（豚鼠　HE　高倍）

1. 胰岛　2. 外分泌部

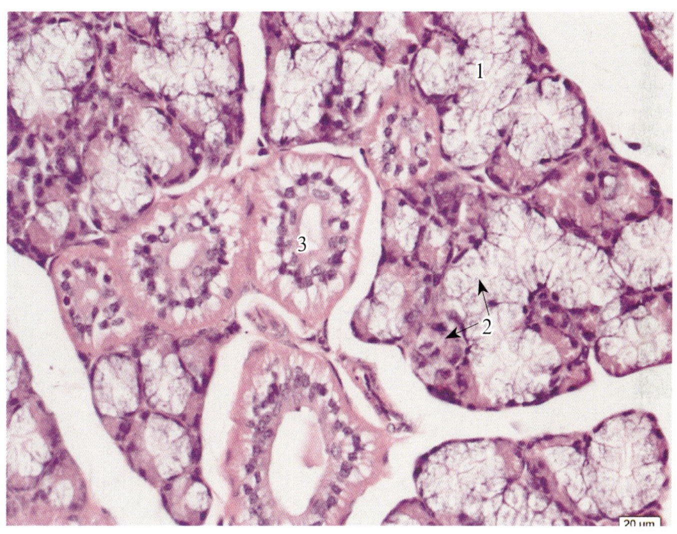

图13-7　颌下腺（羊　HE　高倍）

1. 黏液性腺泡　2. 混合性腺泡　3. 纹管小叶内导管

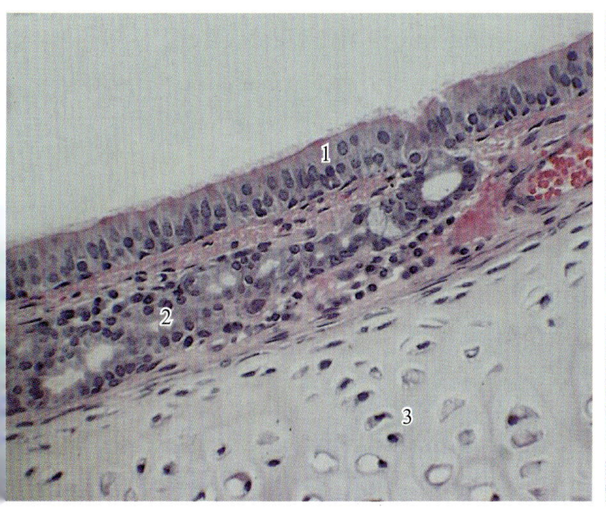

图14-1　气管（兔　HE　高倍）

1. 假复层柱状纤毛上皮　2. 混合腺　3. 透明软骨

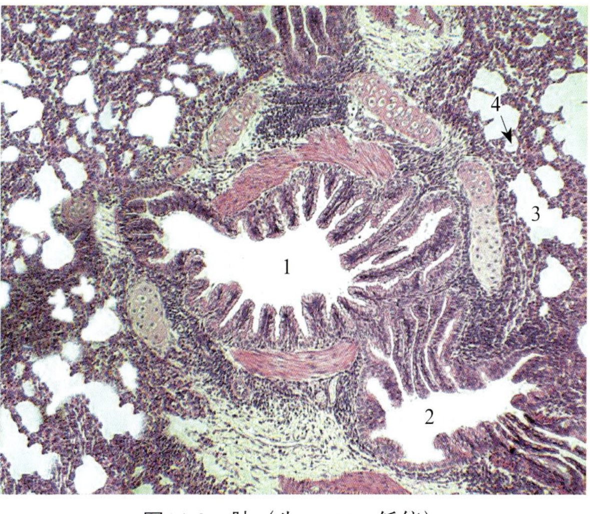

图14-2　肺（牛　HE　低倍）

1. 小支气管　2. 细支气管　3. 肺泡囊　4. 肺泡

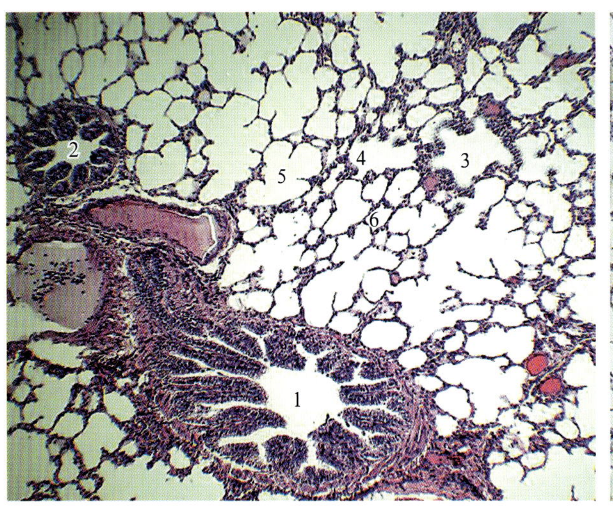

图14-3 肺（牛 HE 低倍）

1. 细支气管 2. 终末细支气管 3. 呼吸性细支气管
4. 肺泡管 5. 肺泡囊 6. 肺泡

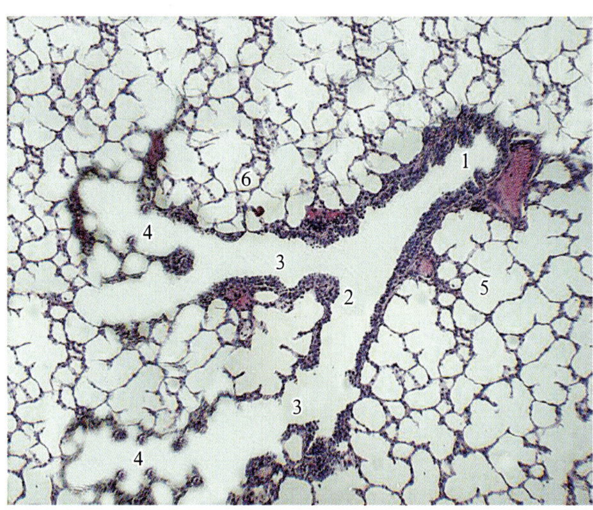

图14-4 肺（牛 HE 低倍）

1. 细支气管 2. 终末细支气管 3. 呼吸性细支气管
4. 肺泡管 5. 肺泡囊 6. 肺泡

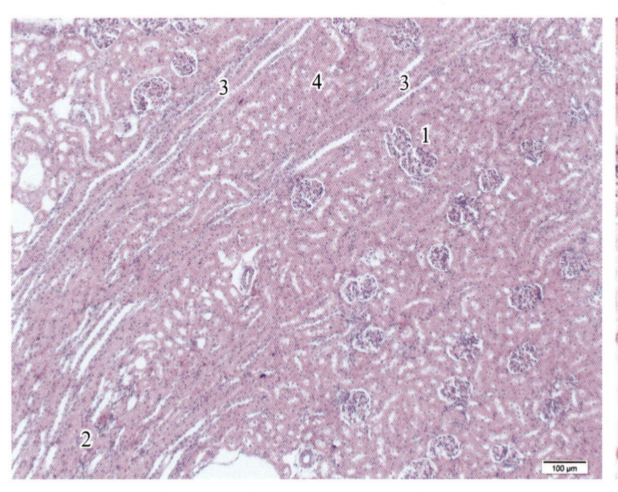

图15-1 肾（兔 HE 低倍）

1. 肾小球 2. 髓质 3. 髓放线 4. 皮质迷路

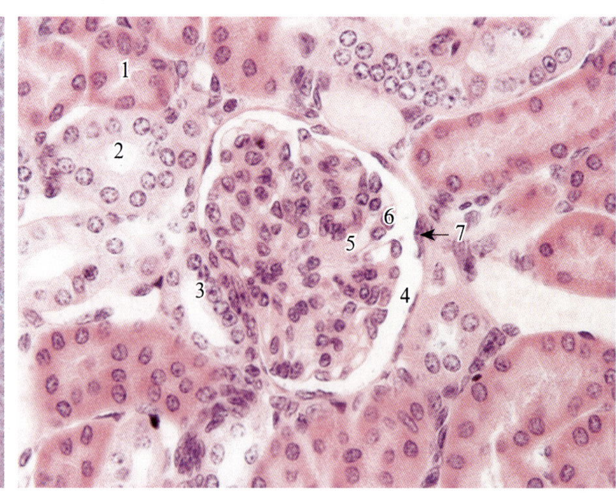

图15-2 肾皮质（兔 HE 高倍）

1. 近曲小管 2. 远曲小管 3. 致密斑 4. 肾小囊
5. 血管球 6. 足细胞 7. 壁层

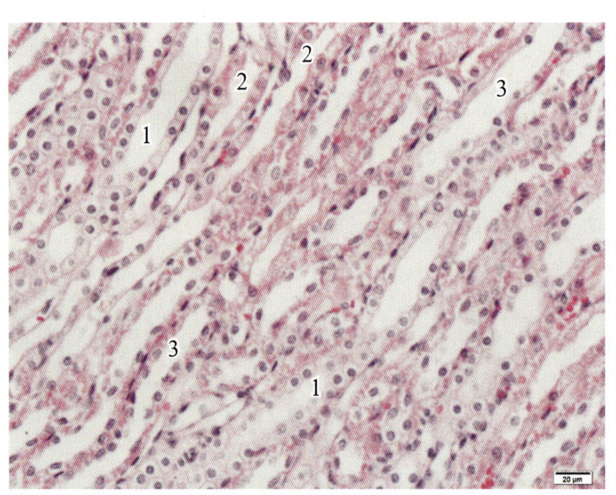

图15-3 肾髓质（兔 HE 高倍）

1. 集合小管 2. 近直小管 3. 远直小管

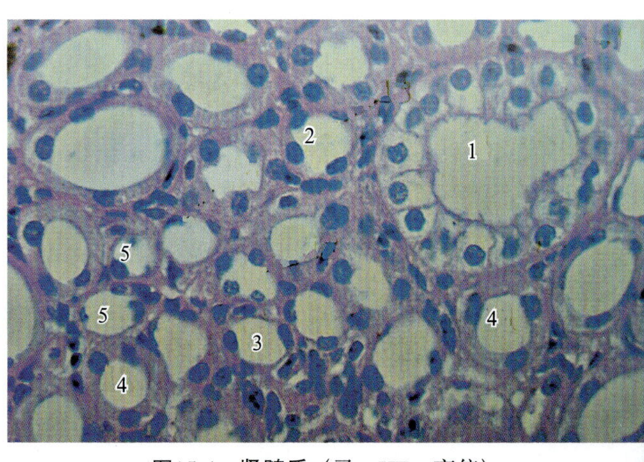

图15-4 肾髓质（马 HE 高倍）

1. 集合小管 2. 近直小管 3. 细段 4. 远直小管 5. 毛细血管

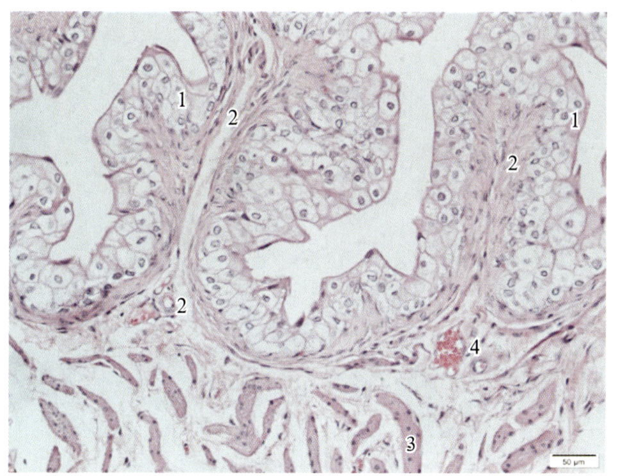

图15-5　舒张膀胱（兔　HE　低倍）

1. 变移上皮　2. 固有层　3. 肌层　4. 小静脉

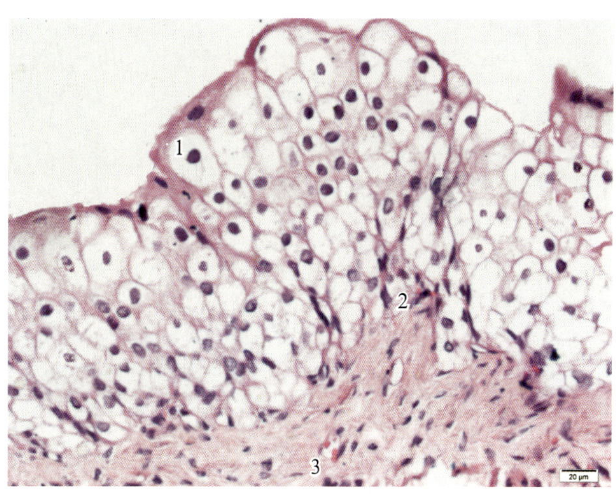

图15-6　收缩膀胱（兔　HE　高倍）

1. 变移上皮（盖细胞）　2. 固有层　3. 肌层

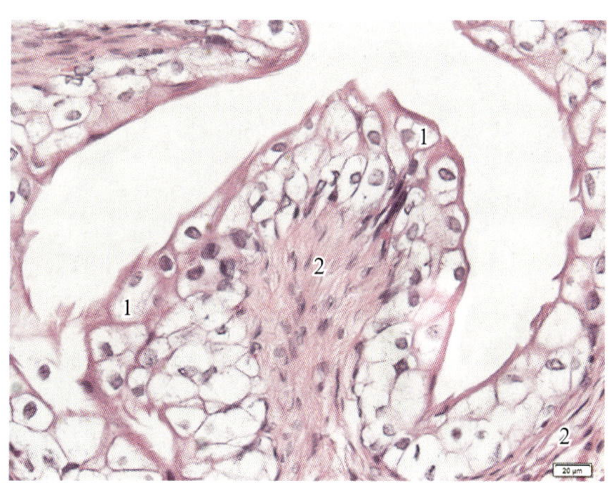

图15-7　舒张膀胱（兔　HE　高倍）

1. 变移上皮（盖细胞）　2. 固有层

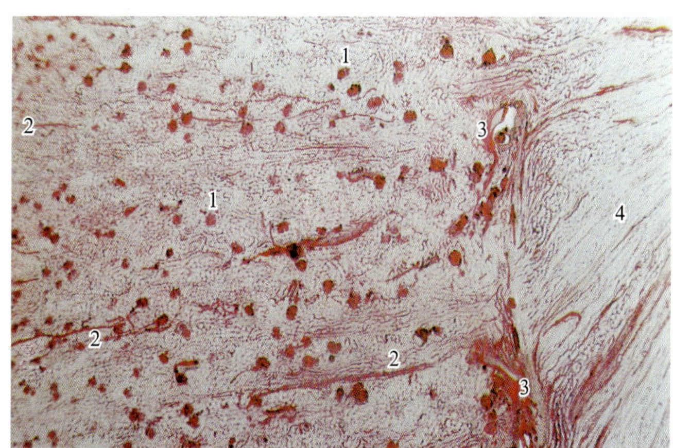

图15-8　肾血管（猪　卡红明胶　低倍）

1. 血管球　2. 小叶间动脉　3. 弓形动脉　4. 肾髓质

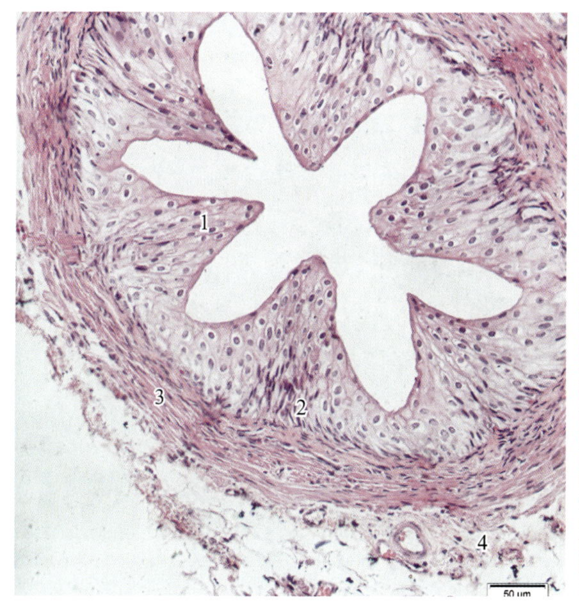

图15-9　输尿管（兔　HE　低倍）

1. 变移上皮　2. 固有层　3. 肌层　4. 外膜

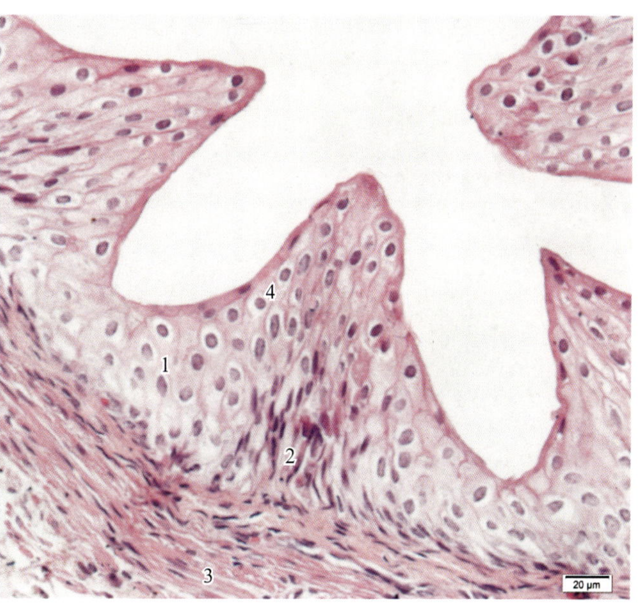

图15-10　输尿管（兔　HE　高倍）

1. 变移上皮　2. 固有层　3. 肌层　4. 盖细胞

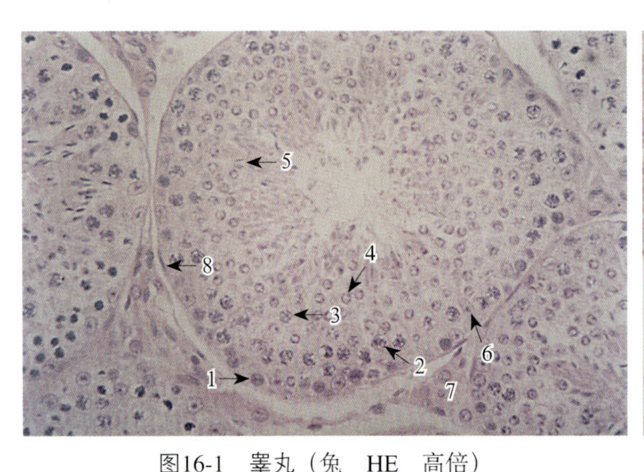

图16-1　睾丸（兔　HE　高倍）

1. 精原细胞　2. 初级精母细胞　3. 次级精母细胞　4. 精子细胞
5. 精子　6. 支持细胞　7. 间质细胞　8. 肌样细胞

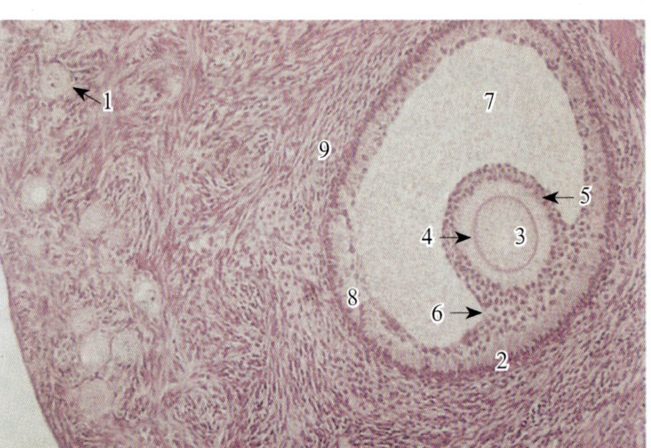

图16-2　卵巢（兔　HE　低倍）

1. 原始卵泡　2. 次级卵泡　3. 初级卵母细胞　4. 透明带
5. 放射冠　6. 卵丘　7. 卵泡腔　8. 颗粒层　9. 卵泡膜

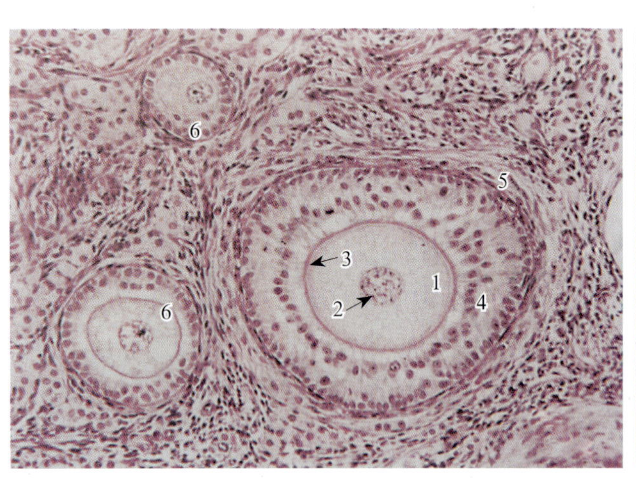

图16-3　卵巢（兔　HE　高倍）

1. 初级卵母细胞　2. 细胞核　3. 透明带　4. 颗粒层
5. 卵泡膜　6. 初级卵泡

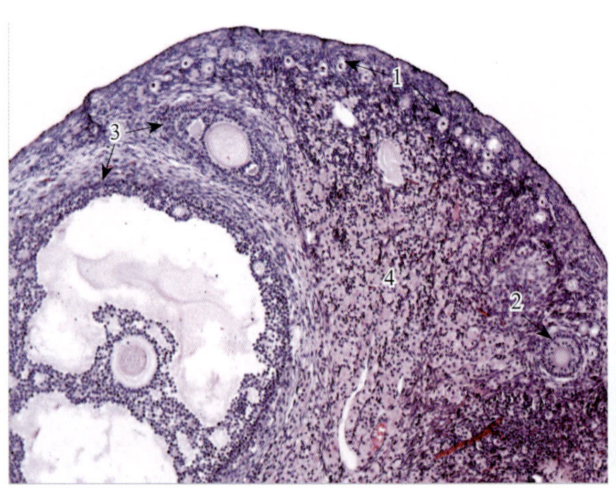

图16-4　卵巢（兔　HE　高倍）

1. 原始卵泡　2. 初级卵泡　3. 次级卵泡　4. 间质腺

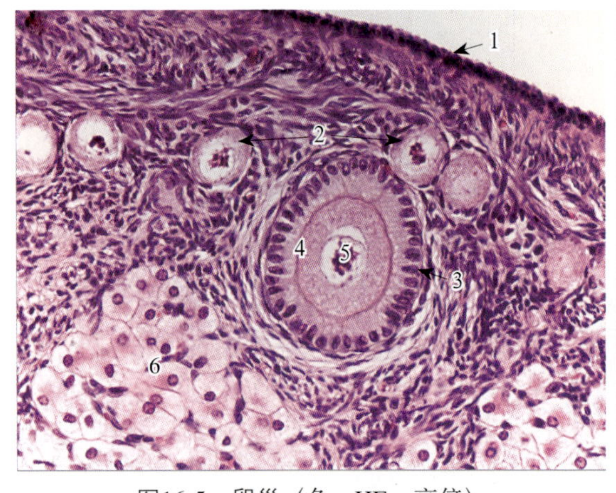

图16-5　卵巢（兔　HE　高倍）

1. 生殖上皮　2. 原始卵泡　3. 初级卵泡　4. 透明带
5. 卵母细胞核　6. 间质腺

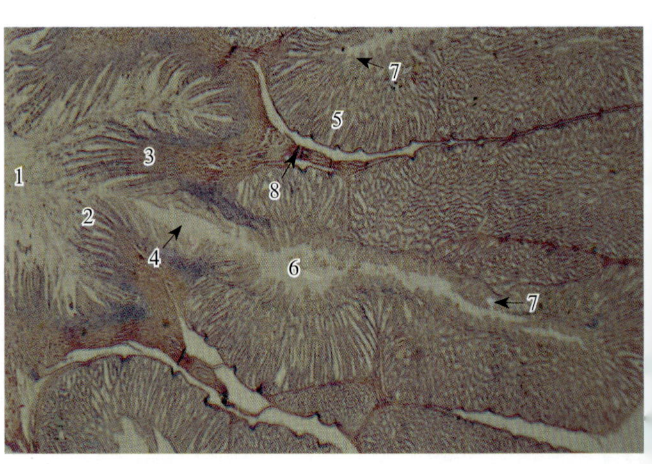

图17-1　腺胃（鸡　HE　低倍）

1. 腺胃腔　2. 上皮　3. 皱襞　4. 导管　5. 腺胃腺
6. 集合窦　7. 三级管　8. 黏膜下层

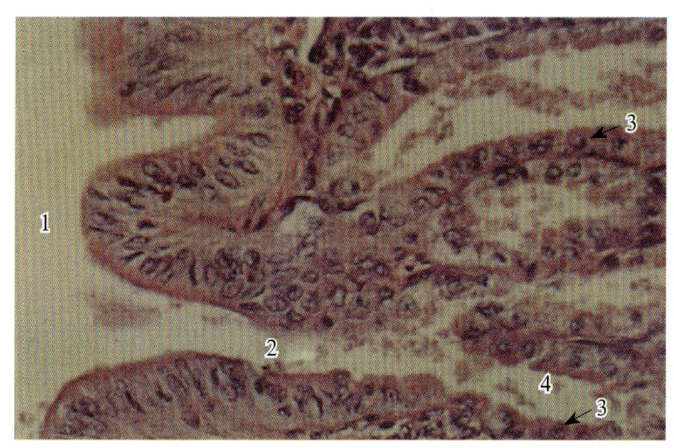

图17-2　腺胃（鸡　HE　高倍）

1. 集合窦　2. 三级管　3. 腺细胞　4. 腺小管腔

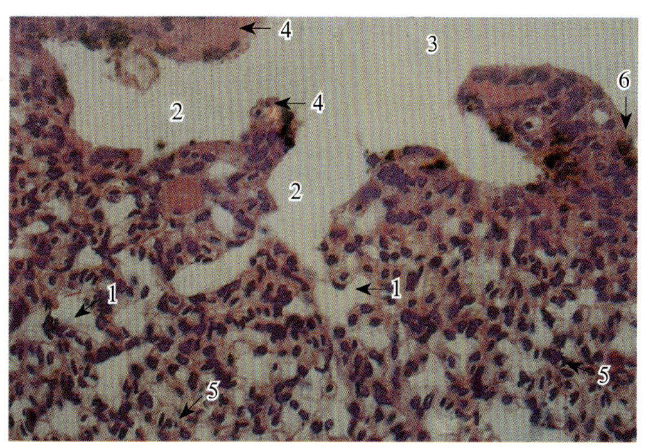

图17-3　肺（鸡　HE　低倍）

1. 肺毛细管　2. 肺房　3. 三级支气管　4. 平滑肌　5. 毛细血管　6. 上皮

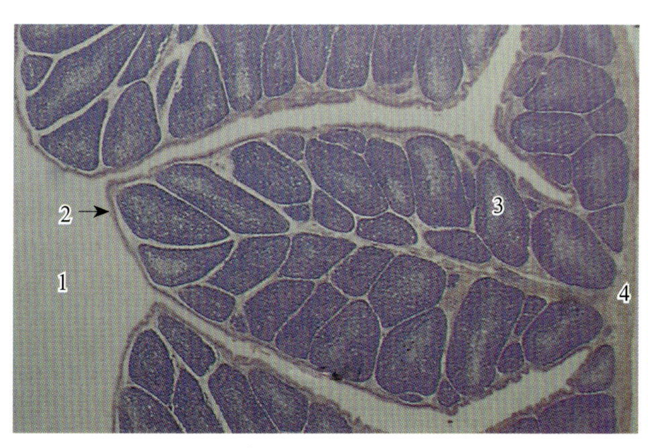

图17-4　腔上囊（鸡　HE　低倍）

1. 腔上囊腔　2. 上皮　3. 腔上囊小结　4. 肌层

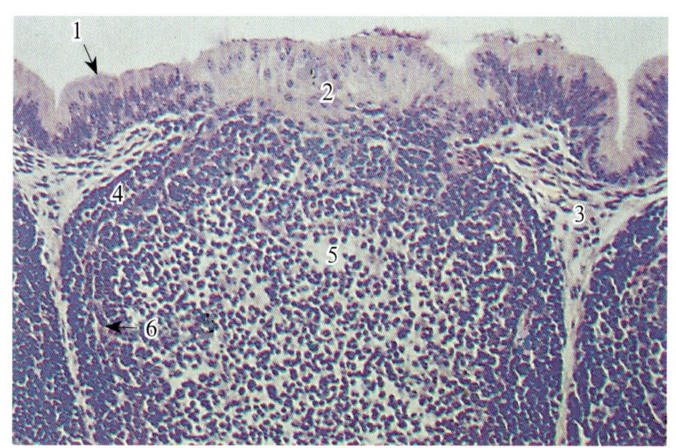

图17-5　腔上囊（鸡　HE　高倍）

1. 上皮　2. 小结相关上皮　3. 固有层　4. 皮质　5. 髓质　6. 上皮细胞层

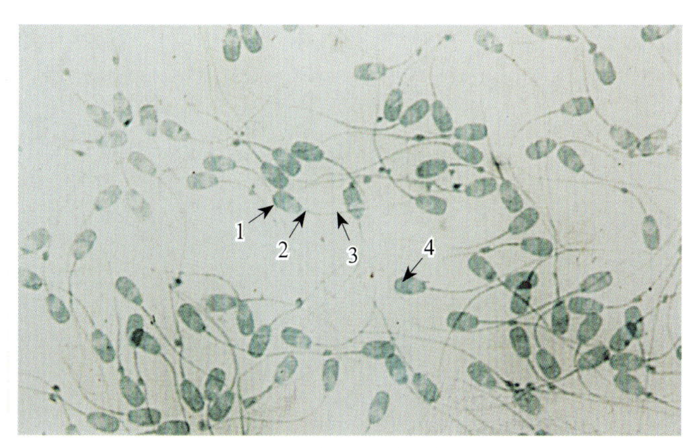

图18-1　精子（猪　铁苏木精　高倍）

1. 头部　2. 颈部　3. 尾部　4. 顶体

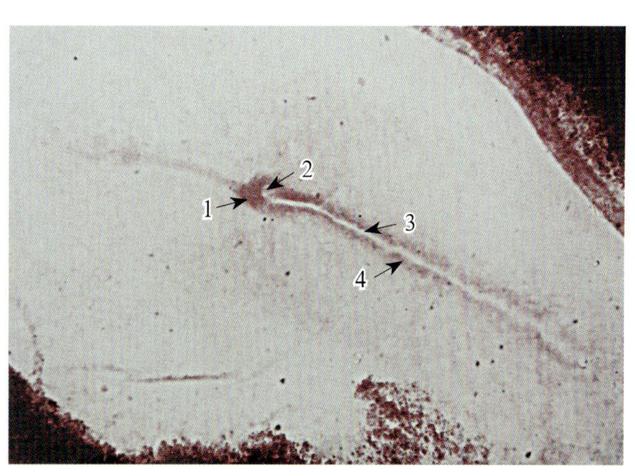

图19-1　鸡胚发育（原条期整装片　HE　低倍）

1. 原结　2. 原窝　3. 原沟　4. 原褶

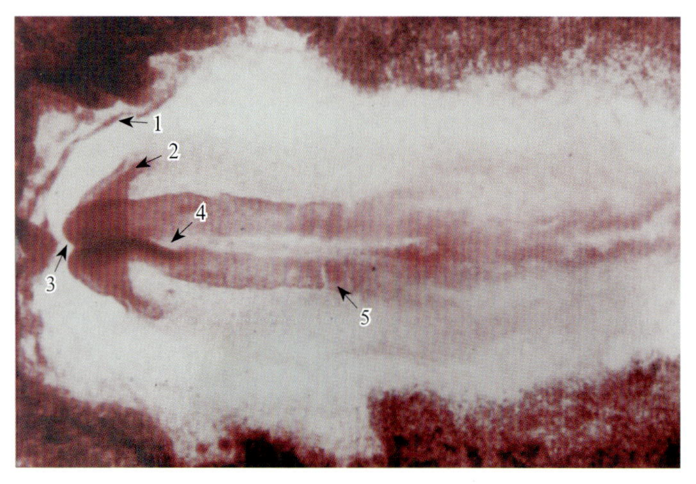

图19-2　鸡胚发育（体节形成早期整装片 HE　低倍）

1. 羊膜　2. 头褶　3. 前神经孔　4. 神经管　5. 体节

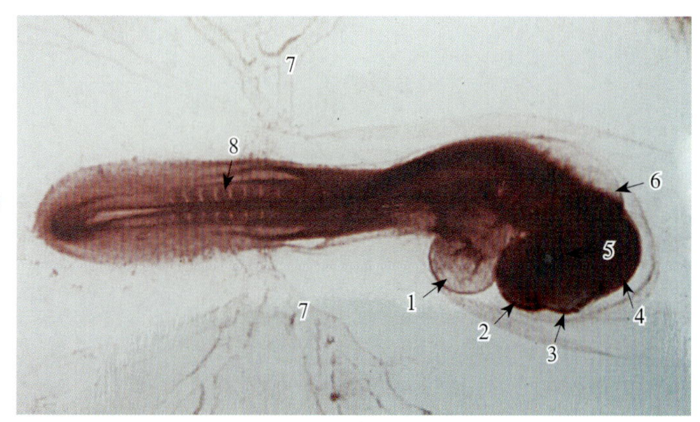

图19-3　鸡胚发育（22对体节期整装片　HE　低倍）

1. 心脏　2. 端脑　3. 间脑　4. 中脑　5. 眼　6. 后脑　7. 卵黄血管　8. 体节

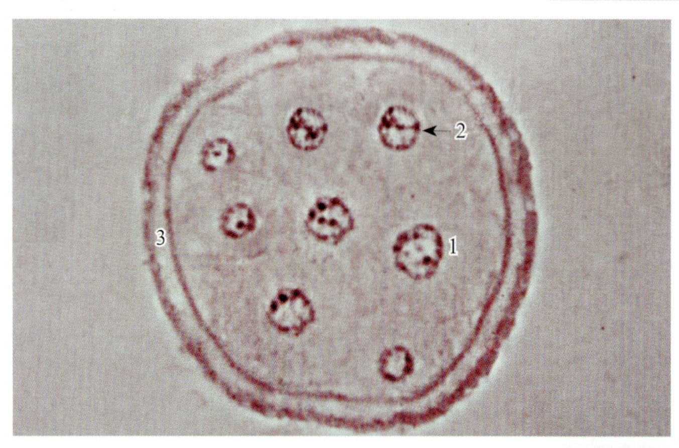

图20-1　桑葚胚（猪　HE　高倍）

1. 卵裂球　2. 细胞核　3. 透明带

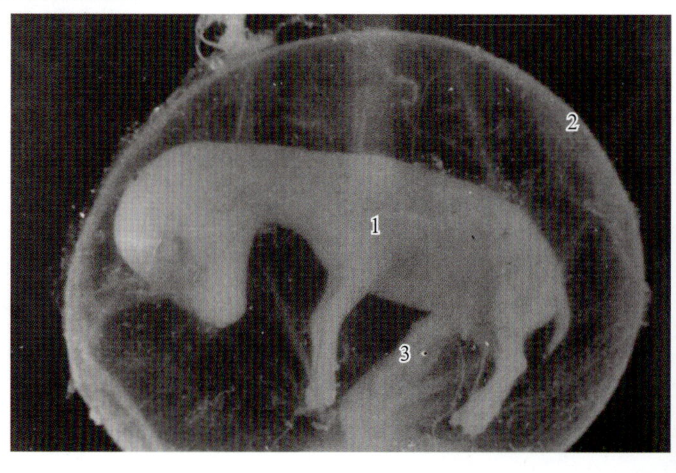

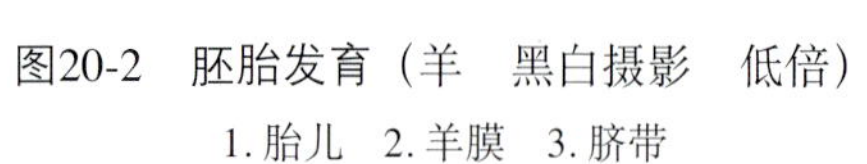

图20-2　胚胎发育（羊　黑白摄影　低倍）

1. 胎儿　2. 羊膜　3. 脐带